DeepSeek 技巧大全

AI助你效率提升10倍

陈才斌　徐捷　柏先云
编著

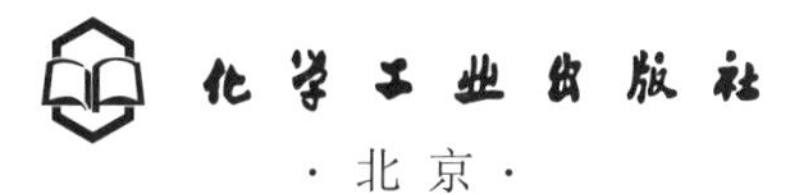

·北京·

内容简介

本书是一本以AI工具DeepSeek为核心的全场景效率提升指南。全书系统解析了DeepSeek在职场办公、文案创作、数据分析、营销推广、生活管理、跨工具协作等十多个领域的深度应用，覆盖100多个细分场景。随书附赠：11课同步电子教案、140多个AI提示词、140多个案例素材效果、160多页PPT教学课件、160多分钟教学视频演示。

本书从以下两条主线出发，系统、全面地介绍了DeepSeek的使用与提效技巧。

技能线：涵盖DeepSeek的基本概念、手机操作方法、网页操作方法、深度思考模式、联网搜索模式、拍照识文字、图片识文字、提示词框架搭建、自然语言交互、创意文案生成、文本润色优化、多语言翻译等内容，引导读者快速上手并掌握其基础操作。

应用线：涵盖招聘管理、会议记录、公文写作、数据分析、代码编写、活动策划、营销推广、SEO优化、健康管理、学习辅导、旅行规划、PPT制作、图片生成、视频制作、音乐创作等内容，展示了DeepSeek的广泛应用场景，更为读者提供了可借鉴的经验。

本书适合广大对AI技术感兴趣、希望提升工作效率与生活品质的读者阅读。无论是AI初学者、办公人士、学生群体，还是创业者、企业管理者、自媒体创作者，都能从本书中获得宝贵的AI应用技巧与实战经验。

图书在版编目（CIP）数据

DeepSeek技巧大全 : AI助你效率提升10倍 / 陈才斌，徐捷，柏先云编著. -- 北京 : 化学工业出版社，2025.3 (2025. 5重印). -- ISBN 978-7-122-47587-9

Ⅰ. TP18

中国国家版本馆CIP数据核字第2025HB2721号

责任编辑：李　辰　王婷婷　　封面设计：异一设计
责任校对：刘　一　　装帧设计：盟诺文化

出版发行：化学工业出版社（北京市东城区青年湖南街13号　邮政编码100011）
印　　装：大厂回族自治县聚鑫印刷有限责任公司
710mm×1000mm　1/16　印张11　字数217千字　2025年5月北京第1版第2次印刷

购书咨询：010-64518888　　售后服务：010-64518899
网　　址：http://www.cip.com.cn
凡购买本书，如有缺损质量问题，本社销售中心负责调换。

定　　价：58.00元

前　言

一、写作驱动

在人工智能技术日新月异的今天，DeepSeek如一匹黑马，以其卓越的性能和独特的优势迅速崛起，成为办公人士和其他用户提升效率的得力助手。DeepSeek这款由深度求索公司研发的大模型，凭借中文场景优化、多模态处理能力和极致的性价比，在短短半年内用户量突破千万。

DeepSeek直击用户的10大效率痛点，具体如下。

① 信息过载筛选难→智能知识萃取。

② 重复性文档工作→自动化模板生成。

③ 跨语言沟通障碍→实时精准翻译。

④ 数据分析耗时长→自然语言查询。

⑤ 创意枯竭瓶颈→多维度头脑风暴。

⑥ 会议记录低效→语音智能转写。

⑦ 代码调试耗时→智能查错与优化。

⑧ 碎片知识管理难→结构化归档。

⑨ 方案决策迟疑→数据推演模拟。

⑩ 多任务管理混乱→智能优先级排序。

DeepSeek能够通过以下3个维度，能让大家的效率提升10倍，甚至更多。

① 时间维度：任务处理速度提升8～15倍。例如，市场部员工撰写百页竞品报告，从3天压缩至3小时；财务人员处理千条数据，从手动8小时到DeepSeek智能筛选仅需10分钟。

② 数量维度：单日产出量突破人工极限。内容创作者生成文案，从每天手动撰写5篇到DeepSeek辅助生成50篇；电商运营优化商品描述，从每天优化10条到DeepSeek批量优化200条。

③ 质量维度：借助DeepSeek知识库实现专业度飞跃。程序员调试代码，错误定位时间显著减少；广告策划生成创意方案，通过DeepSeek的多维度头脑风暴，创意方案的客户满意度翻倍。

当AI不再是概念而是生产力杠杆，掌握DeepSeek的人将率先赢得智能时代的效率革命。这本书，正是打开新世界的密钥。

二、本书亮点

以“极简操作、极速提效”为核心理念，深度融合AI技术与真实场景需求，为读者提供一套“学即能用、用即见效”的解决方案。本书的4大核心亮点如下：

亮点1：全场景覆盖，一站式解决效率难题

从职场办公到生活娱乐，从文案创作到数据分析，本书系统梳理11章核心内容、100＋细分场景，涵盖DeepSeek手机版、网页版及跨平台协作功能（如与讯飞智文生成PPT、可灵AI生成图片）。读者无需切换工具，即可实现“输入需求→生成成果→优化落地”的完整链路。

亮点2：10倍效率提升的细节设计

① 精准提问框架，从盲目到高效：独创提示词搭建框架，包括目标导向、示例参考、逻辑链条等提问模型，快速生成高质量答案，彻底解决“提问模糊→答案无效”的痛点。

② 一键生成内容，从耗时到瞬时：覆盖爆款标题、SWOT分析、直播话术等场景，直接替换关键词即可输出专业内容，耗时从数小时缩短至5分钟。

③ 智能数据分析，从人工到先知：利用DeepSeek自动解读市场趋势、生成可视化报告，市场洞察、分析效率、风险预警提升10倍以上。

④ AI协同工作流，从割裂到无缝：打通多工具协作链路，重构生产力闭环。例如，通过“DeepSeek＋即梦AI生成视频提示词→自动剪辑成片”，将视频制作周期从3天压缩至2小时。

亮点3：实战案例驱动，拒绝纸上谈兵

全书包含100＋真实案例，如“3分钟生成电商大促文案”“10秒提取会议纪要核心结论”“1键策划校园运动会流程”，每个案例均附分步操作截图与避坑指南，确保读者“看完就能用，用了就见效”。

亮点4：资源配套完备，学习零门槛

① 免费资源包：附赠11课同步电子教案、140＋提示词模板、140＋行业案例效果、160多页PPT教学课件、160多分钟高清教学视频，扫码即可获取。

② 交互式学习：通过“深度思考模式”“联网搜索模式”等功能，读者可实时验证书中技巧，动态优化学习路径。

三、教学与配套资源获取方式

如果读者需要获取书中案例的素材、效果、视频以及软件下载链接，请使用微信“扫一扫”功能按需扫描对应的二维码进行获取。

扫码加读者 QQ 群
获取教学资源

四、特别提示

本书所有案例均基于DeepSeek最新版本实测编写，部分功能需联网使用。其他涉及的各大软件和工具也是基于最新版本编写的，例如讯飞智文、可灵AI、即梦AI、海绵音乐等。

虽然在编写的过程中，是根据界面截的实际操作图片，但书从编辑到出版需要一段时间，在此期间，这些工具的功能和界面可能会有变动，请在阅读时，根据书中的思路，举一反三，进行学习。

提醒：即使是相同的指令，软件每次生成的回复也会有所差别，这是软件基于算法与算力得出的新结果，是正常的，所以大家看到书里的回复与视频中的有所区别，包括大家用同样的指令，自己进行实操时，得到的回复也会有差异。因此在扫码观看教程时，读者应把更多的精力放在操作技巧的学习上。

五、售后服务

本书由陈才斌、徐捷、柏先云编著，参与搜集资料的人员还有苏高、刘华敏、李玲、邓陆英、毛文静等，在此表示感谢。由于编写人员知识水平有限，书中难免有些疏漏之处，恳请广大读者批评、指正，联系微信：2633228153。

目　录

第1章　轻松启程：快速掌握DeepSeek

第2章　基础提问：解锁DeepSeek的潜力

第3章　深度提问：让DeepSeek效率翻倍

第4章　爆款文案：DeepSeek打造吸睛之作

第5章　文本润色：DeepSeek让文字熠熠生辉

第6章　办公提效：DeepSeek职场全面提速

第7章　生活应用：DeepSeek让生活更加便捷

第8章　活动策划：DeepSeek赋能创意与执行

第9章　数据分析：DeepSeek助力精准决策

第10章　营销推广：DeepSeek助力业绩飙升

第11章 工具协作：DeepSeek强强联合提效

第1章

轻松启程：快速掌握 DeepSeek

DeepSeek作为人工智能技术前沿的杰出代表，不仅能够流畅地与用户进行自然语言对话、协助用户进行内容创作，更致力于将智能的便利与高效融入每一位用户的生活与工作中。本章将全面介绍DeepSeek，帮助大家快速熟悉DeepSeek的各个常用功能，从而提升工作效率和生活质量。

1.1 掌握 DeepSeek 精髓

在当今的数字时代，人工智能正在逐步改变人们的创作方式。DeepSeek作为一款领先的AI创作工具，凭借其卓越的性能和广泛的应用领域，正引领着创作的新纪元。本节将为大家介绍DeepSeek。

1.1.1 揭秘DeepSeek的核心，定义解析

扫码看教学视频

DeepSeek，全称为杭州深度求索人工智能基础技术研究有限公司，是一家成立于2023年7月17日的创新型科技公司，专注于先进大语言模型（Large Language Model，LLM）及相关技术的研发。

DeepSeek的推出，如同一颗“震撼弹”，引发了市场对美国科技行业竞争力的疑虑，导致人工智能主题股票遭抛售。同时，DeepSeek开发的移动应用，如图1-1所示，已经超越ChatGPT，登顶苹果手机应用商店美国区免费应用榜单。

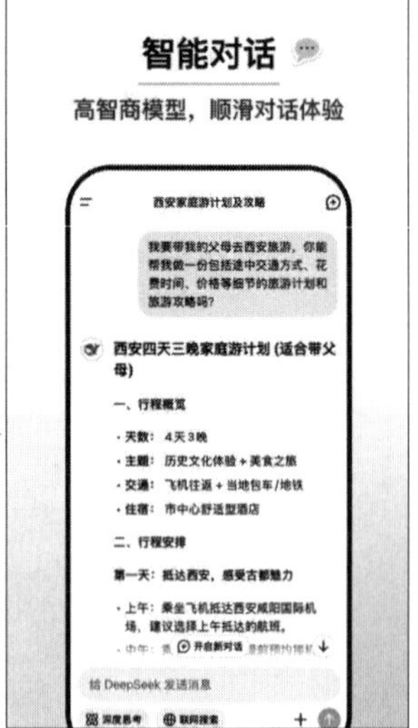

图 1-1　DeepSeek 的移动应用

目前，DeepSeek已经成功推出了两款大语言模型：V3和R1。2024年底，DeepSeek公司发布了新一代大语言模型V3，并宣布开源。DeepSeek V3模型在多项评测中超越了主流开源模型，同时展现出显著的成本优势。V3模型拥有6710亿个参数，训练了55天，用了14.8万亿个词元的数据集，成本约为558万美元。经过测试，V3模型在性能上与GPT-4o、Claude 3.5 sonnet等行业领先模型相当。

2025年1月20日，DeepSeek在世界经济论坛年会开幕当天发布了最新开源模型R1，再次吸引了全球人工智能领域的目光。R1模型在技术上实现了重要突破，采用纯深度学习的方法让AI自发涌现出推理能力，性能与美国开放人工智能研究中心（OpenAI）的o1模型正式版比肩，如图1-2所示。值得一提的是，R1模型的训练成本仅为560万美元，远低于美国科技巨头在人工智能技术上投入的数

亿美元乃至数十亿美元。

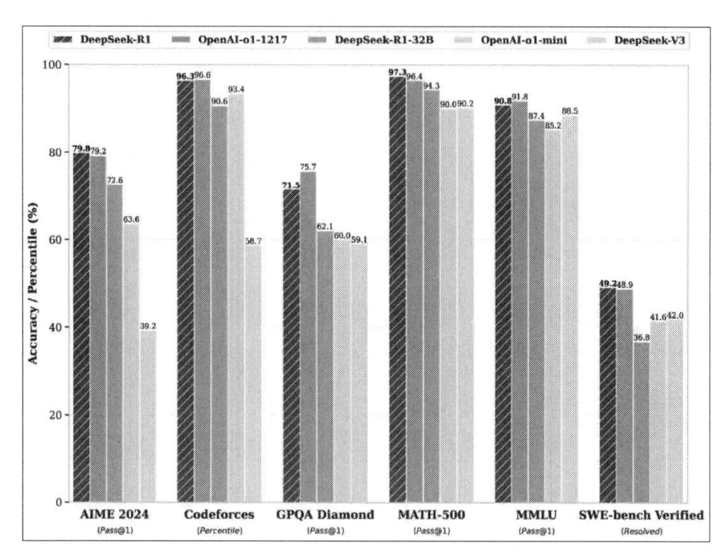

图 1-2 DeepSeek 与其他模型的性能对比

R1模型擅长逻辑推理、数学推理和实时解决问题，通过强化学习和群体相对策略优化（GRPO）训练，让自己的推理能力日益强大。DeepSeek的大语言模型不仅给出了答案，还展示了推理和思考的过程，降低了使用者提问水平的要求。即使是没有AI提示词编写基础的小白，也能通过深度思考功能得到详尽的答案。

1.1.2 DeepSeek全面介绍，功能速览

扫码看教学视频

DeepSeek结合了自然语言处理（Natural Language Processing，NLP）、计算机视觉（Computer Vision，CV）、数据分析等先进技术，旨在为用户提供高效、智能的解决方案。下面为大家介绍相应的功能。

1. 文本生成与处理

DeepSeek能够基于用户提供的主题、关键词或情境，自动生成连贯、有逻辑的文本内容。它支持多种文本风格的创作，如新闻报道、小说、诗歌、散文等，满足用户不同的创作需求。

2. 图像处理与识别

DeepSeek能够根据用户的描述或指令，结合其他工具，生成符合要求的图像内容，如风景画、人物肖像等。

3. 数据分析与预测

DeepSeek能够处理和分析大量的数据，提取有价值的信息，为用户提供数据

驱动的决策支持。它还可以进行趋势预测，帮助用户把握未来的市场动向。

4. 自动化任务

DeepSeek通过简单的配置，能够自动化处理重复的任务，如营销推广、活动策划等。这一功能极大地提高了工作效率，减少了人工操作的烦琐和错误率。

1.1.3 选择DeepSeek，优势凸显

扫码看教学视频

DeepSeek的优势就在于，无论是专业创作者，还是业余爱好者，都能获得显著的帮助和提升。下面介绍具体的应用案例，如图1-3所示。

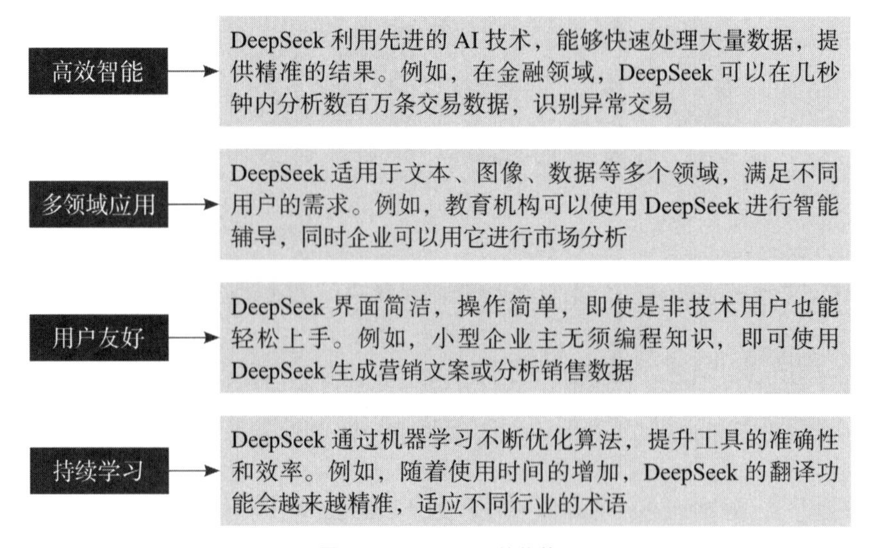

图 1-3　DeepSeek 的优势

1.1.4 DeepSeek实战场景，应用无限

扫码看教学视频

DeepSeek作为一款多功能的AI创作工具，其应用场景非常广泛，涵盖了多个领域和行业，如企业应用、教育领域、医疗行业、创意产业、金融领域等。

这些应用场景不仅覆盖了传统行业，还涉及新兴领域，如元宇宙、虚拟现实等，展示了DeepSeek的广泛适用性和潜力。下面介绍相应的领域。

1. 企业应用

DeepSeek在企业的应用场景非常多样，利用DeepSeek的AI能力，企业可以实现多种目标。下面介绍具体的应用案例，如图1-4所示。

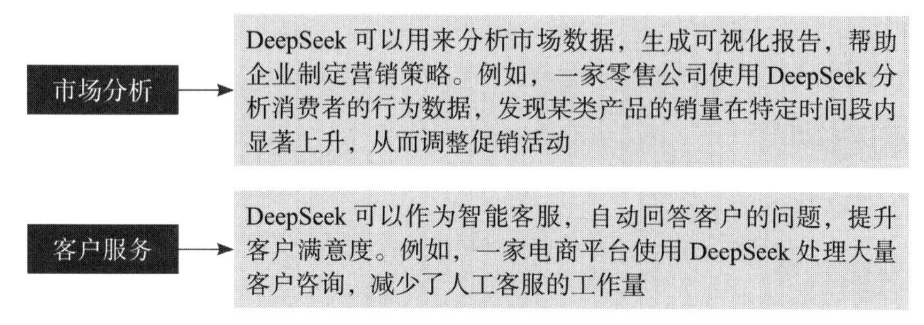

图 1-4 企业应用案例

2. 教育领域

DeepSeek在教育领域的应用场景相当广泛，主要涵盖了教学支持、作业辅导等多个方面。下面介绍具体的应用案例，如图1-5所示。

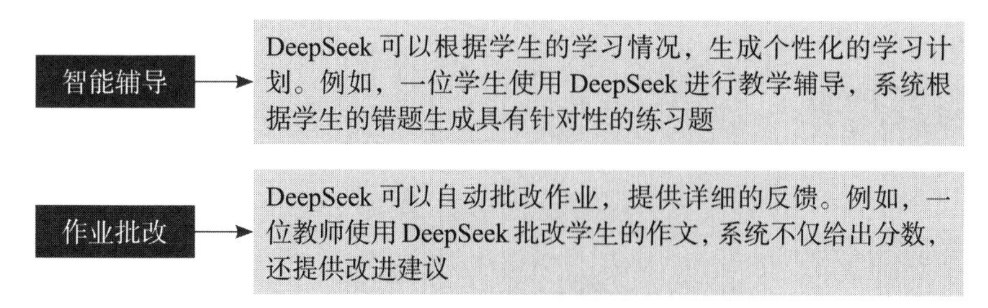

图 1-5 教育领域应用案例

3. 医疗行业

DeepSeek的强大逻辑推理能力可以为医生提供更为精准的临床决策支持，帮助医生在复杂多变的临床环境中做出更为合理的治疗选择。下面介绍具体的应用案例，如图1-6所示。随着技术的不断进步和应用场景的不断拓展，DeepSeek有望在医疗行业中发挥更加重要的作用。

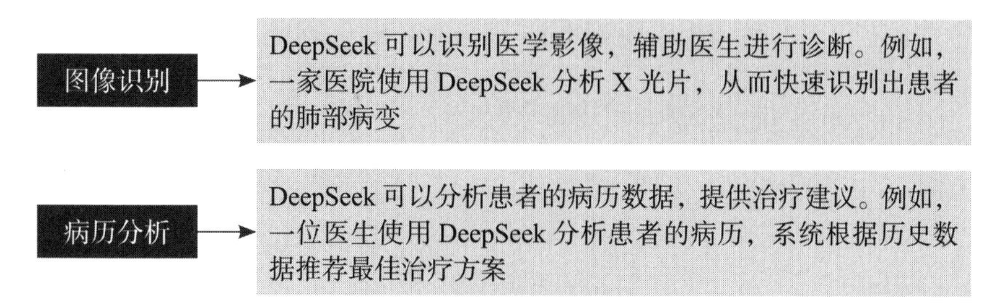

图 1-6 医疗行业应用案例

4. 创意产业

DeepSeek凭借其强大的语义解析与创意生成能力，正在影视创作领域催生全新的生产力工具。下面介绍具体的应用案例，如图1-7所示。

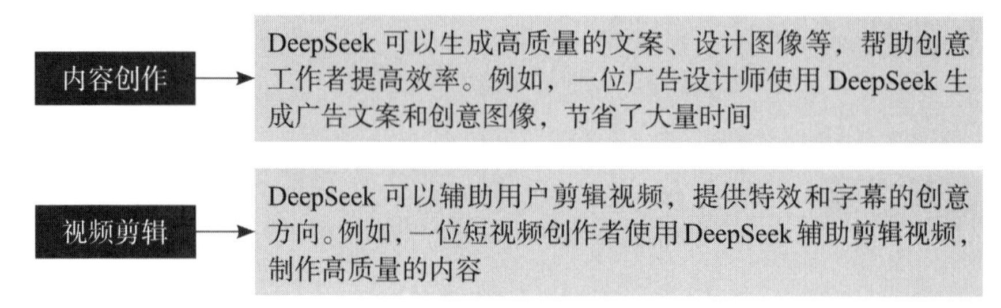

图 1-7　创意产业应用案例

5. 金融领域

随着DeepSeek技术的不断发展和完善，其在金融领域的应用也越来越广泛和深入。下面介绍具体的应用案例，如图1-8所示。

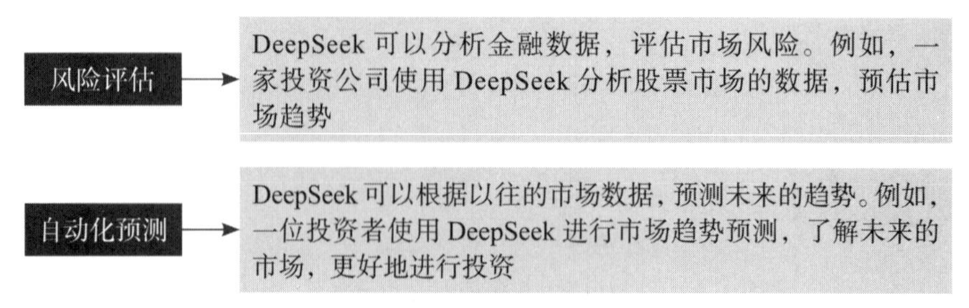

图 1-8　金融领域应用案例

1.2　DeepSeek 手机版全面解析

DeepSeek手机版为用户提供了一系列智能办公功能，旨在提升用户在移动端的工作效率和便捷性。本节将向大家介绍DeepSeek手机版的下载和安装，并着重介绍它的主要功能，帮助大家更好地利用DeepSeek手机版进行智能办公。

1.2.1　开启智能之旅，一键安装

扫码看教学视频

DeepSeek手机版全称为“DeepSeek—AI智能对话助手”，其界面设计简洁明了，用户友好性高。无论是iOS（苹果）还是Android（安卓）系统，用户都可以在应用商店轻松下载并安装。下面介绍安装DeepSeek手机版的操作方法。

步骤 01 打开应用商店，点击界面上方的搜索按钮，如图1-9所示。

步骤 02 进入搜索界面，搜索“DeepSeek”，在搜索结果中点击对应软件右

侧的“安装”按钮，如图1-10所示，即可下载并安装DeepSeek手机版。

步骤03 安装完成后，点击软件右侧的“打开”按钮，如图1-11所示。

图 1-9　点击搜索按钮

图 1-10　点击“安装”按钮

图 1-11　点击“打开”按钮

步骤04 执行操作后，进入DeepSeek手机版，在弹出的“欢迎使用DeepSeek”面板中，点击“同意”按钮，如图1-12所示。

步骤05 进入登录界面，❶选中相应的复选框；❷输入手机号和验证码；❸点击“登录”按钮，如图1-13所示。稍等片刻，用户即可使用手机号和验证码进行登录。除此之外，用户还可以使用微信进行登录。

步骤06 完成登录后，进入DeepSeek的“新对话”界面，其组成如图1-14所示。

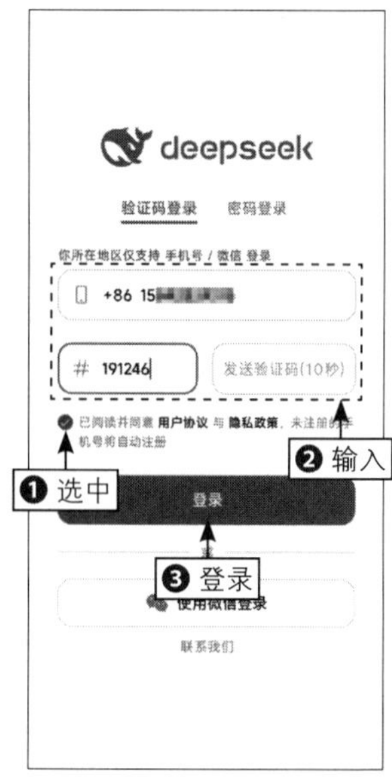

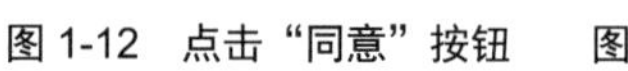

图 1-12　点击“同意”按钮　　图 1-13　点击“登录”按钮

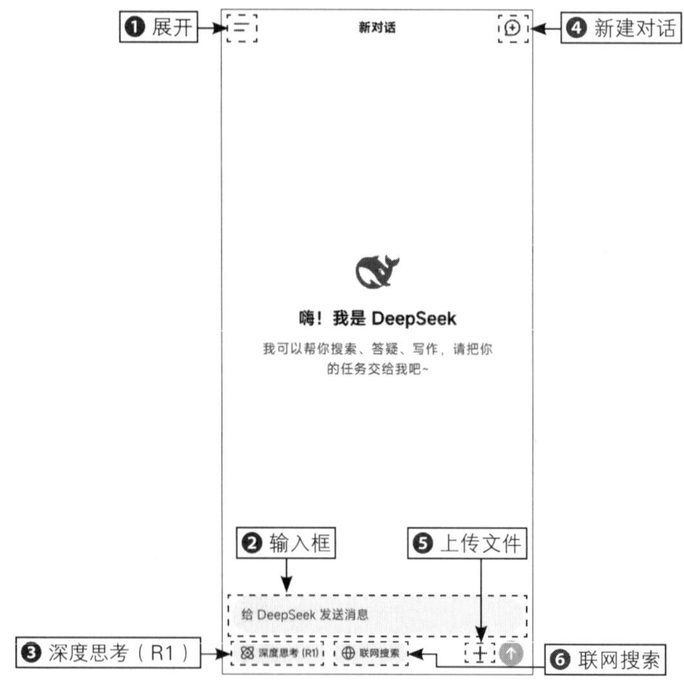

图 1-14　DeepSeek“新对话”界面的组成

下面对DeepSeek“新对话”界面中的各主要部分进行相关讲解。

❶ 展开〓：点击该按钮，即可展开最近7天内的对话记录和用户信息。

❷ 输入框：用户可以在这里输入提示词，以获得DeepSeek的回复。

❸ 深度思考（R1）：点击该按钮，打开“深度思考”模式，当用户向DeepSeek提问时，可以观察如何逐步分析并解答问题，有助于提高答案的透明度和可信度。

❹ 新建对话⊕：点击该按钮，会新建一个对话窗口，用户可以与AI讨论新的话题或让AI重新对上一个话题进行回复。

❺ 上传文件＋：点击该按钮，会弹出相应的面板。用户可以点击“拍照识文字”“图片识文字”“文件”按钮，要求DeepSeek识别出其中的文字信息。

❻ 联网搜索：点击该按钮，即可打开“联网搜索”模式，在此状态下，DeepSeek能够搜索实时信息，快速整合并给出详尽的回答，同时提供信息来源，确保对话的丰富性和准确性。

1.2.2　解锁交流新境界，对话新纪元

扫码看教学视频

在DeepSeek手机版的基础功能中，开启新对话是至关重要的一

环。它是用户与DeepSeek建立联系的桥梁，也是信息交流和思想碰撞的起点。无论是寻求帮助、分享想法，还是探索新知识，用户只需简单操作即可轻松开启与DeepSeek的新对话，具体操作方法如下。

步骤 01 在DeepSeek App的对话界面，点击下方的“开启新对话”按钮，如图1-15所示。

步骤 02 执行操作后，即可开启一个新的对话，如图1-16所示。

图 1-15　点击“开启新对话”按钮

图 1-16　开启一个新的对话

1.2.3　激发思考潜能，深度思维

用户可以使用DeepSeek手机版的“深度思考”模式，以便DeepSeek对用户的提问进行深度思考，从而生成更有深度和专业性的回复。下面介绍使用DeepSeek“深度思考”模式的操作方法。

扫码看教学视频

步骤 01 在DeepSeek App的“新对话”界面，点击下方的“深度思考（R1）”按钮，如图1-17所示，开启该模式后，该按钮会变成蓝色。

步骤 02 在提示词输入框中，输入相应的提示词，用于指导DeepSeek生成特定的内容，如图1-18所示。

图 1-17　点击“深度思考（R1）”按钮

图 1-18　输入相应的提示词

步骤03 点击⬆按钮，即可将提示词发送给DeepSeek，DeepSeek会根据要求生成所需的内容，相关提示词和回复内容如下。

提示词

作为一位顶尖的科学研究助手，请分析近年来人工智能在医学诊断领域的应用进展，总结关键技术突破，评估其对医学诊断准确性和效率的影响，并提出未来可能的研究方向。输出格式应为结构化的报告，包括引言、方法、结果、讨论和结论等部分。

DeepSeek

人工智能在医学诊断领域的应用进展研究报告

一、引言

近年来，人工智能（AI）在医学诊断领域的应用迅速扩展，显著提升了疾病检测的准确性和效率。通过深度学习、自然语言处理和计算机视觉等技术，AI系统已广泛应用于影像分析、病理诊断、基因组学解读和临床决策支持。本报告旨在总结关键技术突破，评估其对医疗实践的影响，并提出未来的研究方向……

1.2.4 信息一触即达，联网探索

扫码看教学视频

DeepSeek手机版的“联网搜索”模式允许用户通过输入相关的问题或描述，快速收集到最新消息，从而满足用户的信息查询与收集的需求。下面介绍使用DeepSeek“联网搜索”模式的操作方法。

步骤01 在DeepSeek App的“新对话”界面，点击下方的“联网搜索”按钮，如图1-19所示，开启该模式后，该按钮会变成蓝色。

步骤02 在提示词输入框中，输入相应的提示词，用于指导DeepSeek生成特定的内容，如图1-20所示。

步骤03 点击⬆按钮，即可将提示词发送给DeepSeek，DeepSeek会根据要求生成所需的内容，相关提示词和回复内容如下。

图 1-19　点击“联网搜索”按钮

图 1-20　输入相应提示词

提示词

在科技领域，有哪些深受大众关注和讨论的热点话题。

DeepSeek

2025年，科技领域的突破与应用持续引发全球关注，以下为当前最受热议的热点话题及关键进展。

1. 人工智能的全面渗透与伦理挑战

（1）通用AI与多模态应用：AI技术正从专用模型向通用人工智能迈进，例如DeepSeek推出的开源大模型及多模态AI（融合文本、图像、音频）的普及，显著提升医疗诊断、工业质检等领域的效率。

……

1.2.5　文字提取新技能，拍照识文

扫码看教学视频

“拍照识文字”功能是一种便捷的信息获取方式，用户只需用手机拍摄图片，如文字段落、物体细节等，DeepSeek即可自动识别相关信息，快速返回相关解答或资料。该功能结合了图像识别与搜索引擎技术，极大地提升了问题解决的效率，尤其适用于提取文字、解答专业问题或快速获取实物信息等，是学习与工作中不可或缺的智能助手。下面介绍使用“拍照识文字”功能快速提取信息的操作方法。

步骤01 进入“新对话”界面，在输入框下方点击+按钮，如图1-21所示。

步骤02 展开相应的面板，点击“拍照识文字”按钮，如图1-22所示。

步骤03 进入拍摄界面，对准需要拍摄的内容，点击界面下方的“拍照”按钮，如图1-23所示。

步骤04 执行操作后，即可完成拍照，点击右下角的按钮，如图1-24所示。

图1-21　点击相应的按钮

图1-22　点击“拍照识文字”按钮

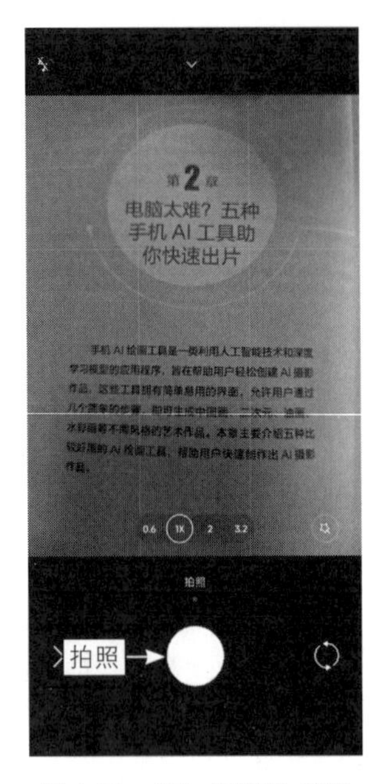

图 1-23　点击“拍照”按钮

图 1-24　点击相应的按钮

步骤05 稍等片刻，即可将拍到的照片上传，如图1-25所示。

步骤06 在输入框中输入相应的提示词，指导AI提取图片中的文字，如图1-26所示。

图 1-25　上传拍到的照片

图 1-26　输入相应的提示词

步骤07 点击发送按钮，即可获得AI的回复，相关提示词和回复内容如下。

提示词

提取图片中的文字信息。

DeepSeek

根据您提供的文件内容，以下是提取的文字信息。
第2章
电脑太难？五种手机AI工具助你快速出片
手机AI绘画工具是一类利用人工智能技术和深度学习模型的应用程序，旨在帮助用户轻松创建AI摄影作品……

1.2.6 图像信息秒变文本，图片转文

扫码看教学视频

“图片识文字”功能和“拍照识文字”功能基本相似，都可以通过图片识别文字，帮助用户提取文字、总结图片上的文字内容，以及根据图片上的文字内容进行专业解答，具体操作如下。

步骤01 进入“新对话”界面，在输入框下方点击+按钮，如图1-27所示。

步骤02 展开相应的面板，点击“图片识文字”按钮，如图1-28所示。

图 1-27 点击相应的按钮

图 1-28 点击“图片识文字”按钮

步骤03 进入相应的界面，❶选择需要上传的图片；❷点击下方的“添加”按钮，如图1-29所示。

步骤04 执行操作后，即可上传选择的图片，如图1-30所示。

步骤05 输入相应的提示词，点击发送按钮，DeepSeek即可根据提示词快速生成相应的回复，相关提示词和回复内容如下。

图 1-29 点击“添加”按钮

图 1-30 上传图片

提示词

识别图片中的文字信息。

DeepSeek

图片中的文字信息如下。
第3章
如何提交？五种电脑AI工具生成创意作品
电脑平台的AI绘画工具是指能够在个人电脑上运行的应用程序，它们利用人工智能技术和深度学习模型，帮助用户轻松地进行AI摄影与艺术创作……

★ 专家提醒 ★

“文件识文字”功能和“图片识文字”功能基本相似，其操作步骤也基本一致，两者的不同之处在于“文件识文字”功能通过上传文件识别文字，而“图片识文字”功能通过上传图片识别文字，由于篇幅原因，本章不再进行赘述。

1.3 DeepSeek 网页版全面解析

DeepSeek能够理解用户输入的提示词并完成问答、阅读文件、文本创作、编写代码等多种任务。本节将向大家介绍DeepSeek网页版的注册与登录，并介绍几个常用的功能，帮助大家快速熟悉DeepSeek网页版的使用方法。

1.3.1　轻松接入智慧平台，注册登录

扫码看教学视频

DeepSeek网页版是一款功能丰富、对用户友好的在线人工智能工具，其操作页面简洁明了，以直观的方式呈现。无论是初次使用者还是经验丰富的用户，都能迅速上手并找到所需功能。下面介绍注册与登录DeepSeek网页版的操作方法。

步骤 01 在浏览器（如360浏览器）中搜索“DeepSeek”，在“网页”选项卡的“DeepSeek”广告板块中，单击“开始对话”按钮，如图1-31所示。

步骤 02 进入登录界面，❶选中相应的复选框；❷输入手机号和验证码；❸单击“登录”按钮，如图1-32所示。稍等片刻，用户即可使用手机号和验证码进行登录。用户还可以使用微信扫码或邮箱进行登录。

图 1-31　单击“开始对话”按钮

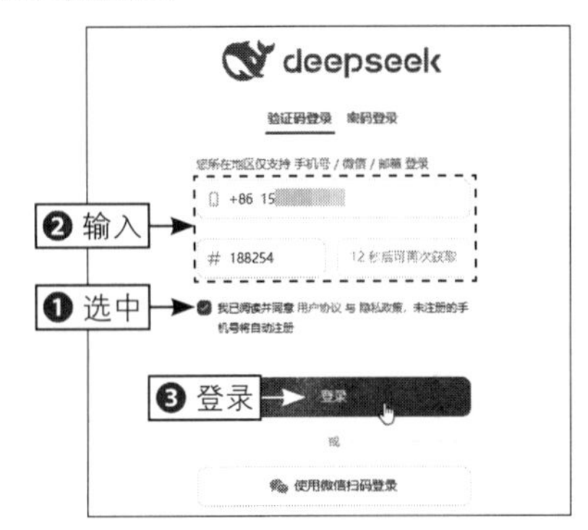

图 1-32　单击“登录”按钮

步骤 03 完成登录后，默认进入DeepSeek对话页面，其组成如图1-33所示。

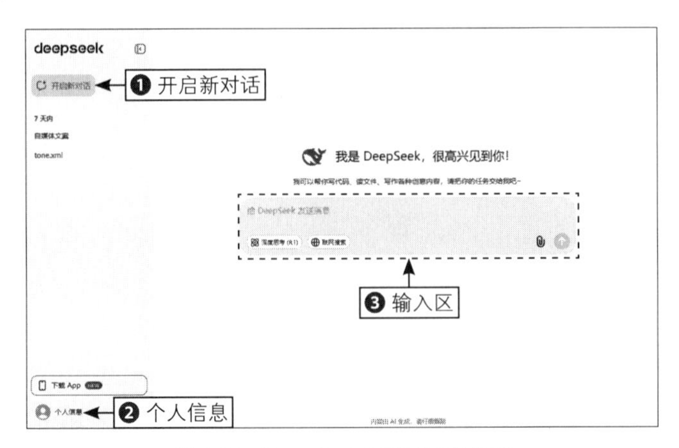

图 1-33　DeepSeek 对话页面的组成

下面对DeepSeek对话页面中的各主要部分进行相关讲解。

❶ 开启新对话：单击“开启新对话”按钮，能为用户开启一个全新的、独立的对话窗口，使用户与DeepSeek的交流更加高效和清晰。

❷ 个人信息：单击“个人信息”按钮，即可弹出相应的面板，包括“系统设置”“删除所有对话”“联系我们”“退出登录”4个按钮，用户可根据需要，单击相应的按钮进行设置。

❸ 输入区：该区域包括输入框、“深度思考”和“联网搜索”3个部分。其中，输入框是用户输入文字指令的位置；“深度思考（R1）”模式在逻辑推理和复杂问题处理方面表现出色，能够深入剖析问题的本质并给出有价值的解决方案；“联网搜索”模式能够搜索实时信息，快速整合并给出详尽的回答。

1.3.2　网页版交流新体验，对话升级

扫码看教学视频

当用户与DeepSeek完成一个话题的交流后，只需单击页面左上角的“开启新对话”按钮，即可进入新一轮的对话，同时，之前的对话内容将会被清除。下面介绍在DeepSeek中开启新对话的操作方法。

步骤01 在DeepSeek左侧的导航栏中，单击“开启新对话”按钮，如图1-34所示。用户也可以单击页面下方的“开启新对话”按钮。

步骤02 执行操作后，即可开启一个新的对话页面，如图1-35所示。

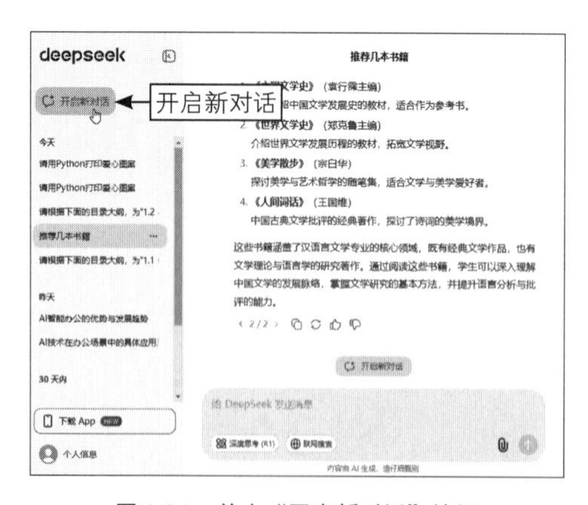

图 1-34　单击“开启新对话”按钮

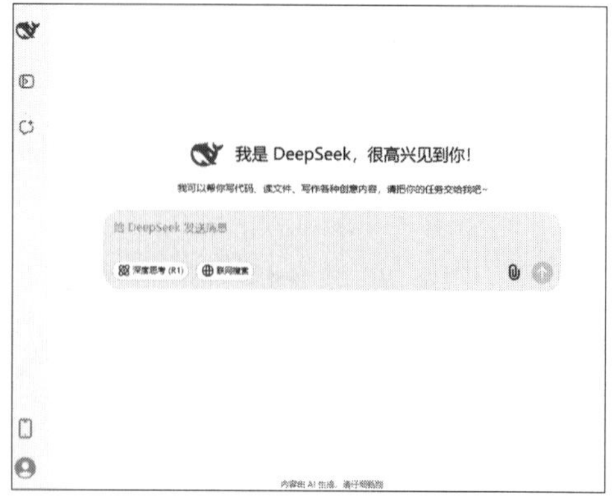

图 1-35　开启一个新的对话页面

1.3.3　网页版思考模式揭秘，深度洞察

扫码看教学视频

DeepSeek的“深度思考”模式能够对给定的问题进行多维度、多层次、系统性的分析和推理，不会仅仅提供一个表面的答案。下面介绍使用DeepSeek“深度思考”模式的操作方法。

步骤01 在DeepSeek页面中，单击输入区中的“深度思考（R1）”按钮，如图1-36所示，开启“深度思考”模式后，该按钮会变成蓝色。

步骤02 在提示词输入框中，输入相应的提示词，用于指导DeepSeek生成特定的内容，如图1-37所示。

图 1-36　单击“深度思考（R1）”按钮

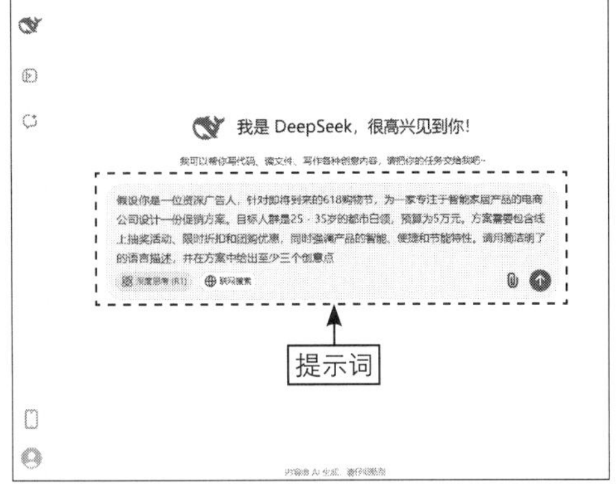

图 1-37　输入相应的提示词

步骤03 单击按钮或按【Enter】键确认，即可将提示词发送给DeepSeek，DeepSeek会根据要求生成所需的内容，相关提示词和回复内容如下。

提示词

假设你是一位资深广告人，针对即将到来的618购物节，为一家专注于智能家居产品的电商公司设计一份促销方案。目标人群是25－35岁的都市白领，预算为5万元。方案需要包含线上抽奖活动、限时折扣和团购优惠，同时强调产品的智能、便捷和节能特性。请用简洁明了的语言描述，并在方案中给出至少三个创意点。

DeepSeek

618智能家居狂欢节促销方案
主题：智享生活，轻松一夏
目标人群：25～35岁都市白领（追求高效、科技感与性价比）
……

1.3.4　信息检索加速器，联网搜索

扫码看教学视频

DeepSeek能够利用最新的在线数据来提供答案，这不仅提高了答复的精确度，也保证了信息的新鲜度和相关性。在处理查询任务时，DeepSeek会综合考量多个信息源，从中挑选最恰当的内容，以满足用户的查询需求。下面介绍使用DeepSeek“联网搜索”模式的操作方法。

步骤01 在DeepSeek页面，单击输入区中的“联网搜索”按钮，如图1-38所示，开启“联网搜索”模式后，该按钮会变成蓝色。

步骤02 在提示词输入框中，输入相应的提示词，如图1-39所示。

图 1-38　单击“联网搜索”按钮

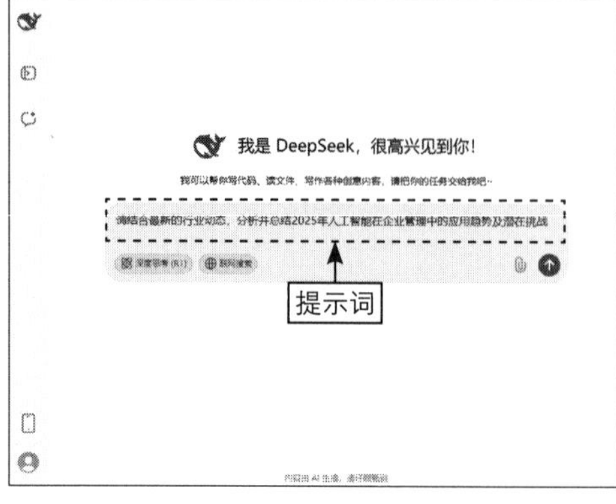

图 1-39　输入相应的提示词

步骤03 单击⬆按钮或按【Enter】键确认，即可将提示词发送给DeepSeek，DeepSeek会根据要求生成所需的内容，相关提示词和回复内容如下。

提示词

请结合最新的行业动态，分析并总结2025年人工智能在企业管理中的应用趋势及潜在挑战。

DeepSeek

2025年人工智能在企业管理中的应用趋势与挑战分析
一、应用趋势
1. 混合式人工智能架构的普及……

1.3.5　文档处理高效助手，附件识文

扫码看教学视频

DeepSeek的上传附件识别文字功能，允许用户轻松上传各类文档和图片，迅速将其中的文字内容提取出来，无须再进行烦琐的手动输入。

对经常需要处理大量文档的用户来说，这一功能无疑大大提高了工作效率。无论是PDF、Word等格式的文档，还是包含复杂排版和多种字体的图片，DeepSeek都能准确识别其中的文字，并将其转换为可编辑的文本格式。

例如，在会议记录整理方面，用户可以快速提取会议照片或扫描件中的文字

内容，整理成完整的会议记录；在撰写与编辑报告的过程中，用户可以轻松提取相关资料中的文字信息，快速构建报告框架并丰富内容。下面介绍使用DeepSeek上传附件识别文字功能的操作方法。

步骤01 在DeepSeek页面中，单击输入区中的“上传附件（仅识别文字）”按钮，如图1-40所示。

步骤02 弹出“打开”对话框，选择需要上传的图片，如图1-41所示。

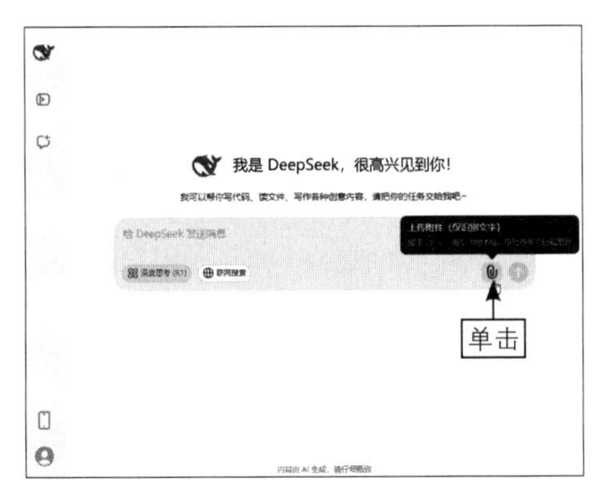

图 1-40　单击相应的按钮

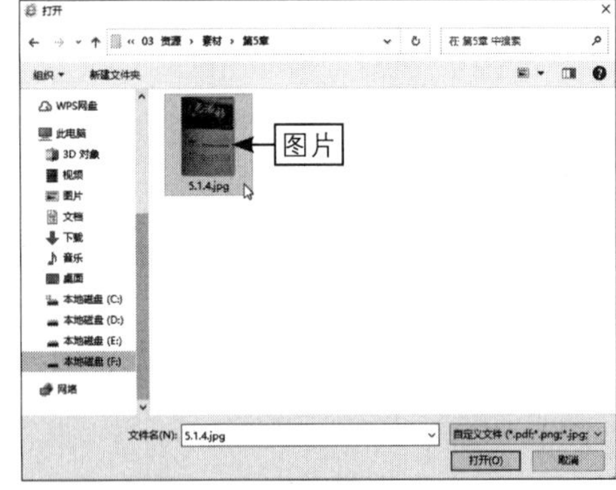

图 1-41　选择需要上传的图片

步骤03 单击“打开”按钮，即可上传图片，如图1-42所示。

步骤04 输入相应的提示词，要求DeepSeek识别图片中的文字，如图1-43所示。

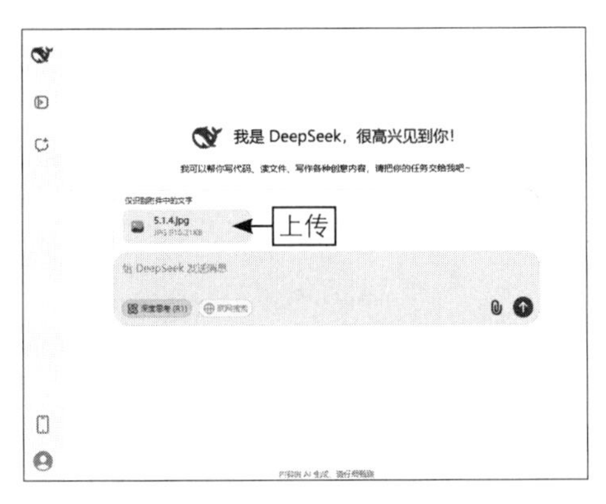

图 1-42　上传图片

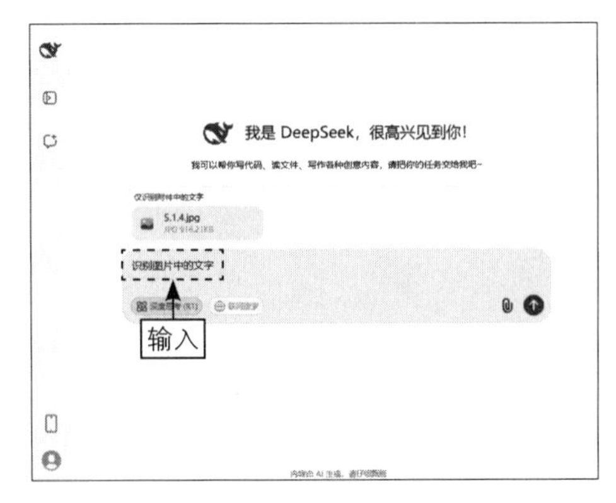

图 1-43　输入相应的提示词

步骤05 单击按钮或按【Enter】键确认，DeepSeek会自动识别出图片中的文字，相关提示词和回复内容如下。

提示词

识别图片中的文字。

DeepSeek

图片中的文字内容如下。
第9章
电影大片：打造炫酷的短视频特效……

第2章

基础提问：解锁 DeepSeek 的潜力

AI的工作方式是用户先输入并发送提示词，AI再根据提示词来生成内容。用户若想获得所需内容，就要使提示词充分包含自己的需求，且被AI所理解。本章以DeepSeek为例，介绍AI智能办公提示词的编写技巧，帮助用户更有效地与AI沟通，使其成为工作中的得力助手。

2.1 基础技巧：搭建提示词框架

在当今的数字化时代，人工智能助理，如DeepSeek，正逐渐成为人们日常工作中不可或缺的一部分。本节将探讨如何通过一系列基础技巧，编写出既高效又富有吸引力的AI智能提示词，让它能够更好地理解用户的指令，提供更加个性化和精准的服务。

2.1.1 明确目标意图，精准提问

扫码看教学视频

在输入提示词之前，需要明确提示词的主要目标与意图，即你想要得到什么样的结果。例如，想要让DeepSeek生成一篇关于某个短视频主题的文案，就要明确文案的主题、字数、写作风格等要求。在DeepSeek中明确目标意图的相关案例如下。

提示词

以“AI在教育领域中的潜力”为主题，写一篇知识科普文案，要求：不超过500字，写作风格为专业又风趣。

DeepSeek

AI在教育领域中的潜力：让学习变得更聪明、更有趣！
嘿，朋友们！听说过AI在教育界的“魔法”吗？没错，就是那个聪明绝顶、无所不能的人工智能！它正在悄悄改变我们的学习方式，让教育变得更智能、更个性化，甚至还有点“酷”！
想象一下，你有一个私人定制的智能导师，它了解你的学习习惯、知道你的知识盲点，还能不厌其烦地为你解答问题。这就是AI在教育领域的潜力！它不仅能根据你的学习进度调整内容，还能通过大数据分析，预测你的学习路径，提前为你铺设知识之路。就像有个魔法水晶球，能看见你未来的学习成就！
……

通过提供清晰的提示词，可以确保DeepSeek生成满足用户需求的高质量内容，减少错误和偏差。当然，要做到这一点，需要注意提示词的准确性和详细性，目标应该清晰明确，涵盖用户所希望生成的内容的主题和要点。

★ 专家提醒 ★

由于本书篇幅原因，只展示 AI 工具回复的内容要点，对于详细的回复内容，请看随书提供的效果完整文件。

2.1.2　精炼表达语句，高效沟通

扫码看教学视频

在构思提示词时，要追求质量而非数量，尽可能提供详细、准确、具有启发性的信息，以激发DeepSeek的创造力。同时，还要避免提供过多的限制性信息，给DeepSeek留下一定的自由发挥空间。在DeepSeek中精炼表达语句的相关案例如下。

提示词

主题：用智能家居有哪些好处？
结构：引言、智能家居给人们的生活带来哪些好处、结论。

DeepSeek

智能家居：让生活更美好的“智能小帮手”
引言
随着科技的飞速发展，智能家居已逐渐融入我们的日常生活。它们不再是遥不可及的奢侈品，而是成为提升生活品质的得力助手。从智能灯光到语音控制的音响，智能家居正在改变我们的生活方式，让生活变得更便捷、更舒适。
智能家居给人们的生活带来哪些好处
1. 便捷省时
智能家居能够自动化完成多项任务，比如智能洗衣机可以根据衣物材质自动选择洗涤程序，智能冰箱能提醒食材过期，甚至帮你一键下单补货。
……

通过精心构思提示词的内容，可以更好地激发DeepSeek的创造力，使其生成更高质量的文案内容。在实际使用中，用户可以根据不同的需求和场景，灵活调整提示词的内容，以达到最佳的生成效果。

2.1.3　使用自然语言，轻松交流

扫码看教学视频

自然语言是指人类日常使用的语言，包括口语和书面语。与计算机语言不同，自然语言是人类用来表述问题或需求的方式，几乎所有人都能轻松理解；而计算机语言则是人们为了与计算机进行交互而设计的特定语言，一般人是无法理解的。

在与DeepSeek对话的过程中，用户要尽量使用自然语言来写提示词，避免使用过于复杂或专业的语言。DeepSeek是基于自然语言处理的模型，使用自然语言写的提示词可以让DeepSeek更好地理解用户的需求，并生成自然、流畅的回答。在DeepSeek中使用自然语言的相关案例如下。

提示词

请帮我写5条有吸引力的商品标题文案，商品为[洗洁精]。

DeepSeek

1. “去油力MAX！这款洗洁精让碗碟光洁如新，轻松搞定顽固油渍！”
2. “天然配方，温和不伤手！洗洁精中的‘护手神器’，洁净与呵护兼得！”
3. “清新果香，持久留香！洗洁精让你爱上洗碗时光，厨房焕然一新！”
4. “高效去污，低泡易漂！洗洁精中的‘节水小能手’，环保又省心！”
5. “一瓶搞定全家餐具！洗洁精强力去污，让清洁变得简单又高效！”

这个提示词通过自然语言的方式，呈现出了明确的任务指示、具体的商品限定、开放的创意激发、简洁的结构设计，以及良好的适应性和灵活性，有效地增强了DeepSeek对任务的理解力，从而提高了生成内容的质量和效率。

用户输入的提示词内容要简洁明了，避免使用过多的词汇或语句。过多的修饰反而会让DeepSeek抓不住重点，从而影响它生成的内容质量。

2.1.4 运用示例参考，丰富问答

扫码看教学视频

用户在提示词中可以给DeepSeek提供一些示例和引导，从而帮助DeepSeek更好地理解需求。例如，用户可以提供一些相关的话题、关键词或短语，或者描述一个场景、故事，以便DeepSeek能够准确捕捉用户的意图并生成符合要求的内容。在DeepSeek中运用示例参考的相关案例如下。

提示词

请将以下简短情节扩展为一篇600字以内的奇幻冒险小说，要求情节紧凑、奇幻元素丰富、角色鲜明，并在结尾处设置一个意想不到的转折。
情节：莉莉丝，一位生活在偏远山村的少女，自幼便能与森林中的动物们交流。一天，她发现村里的水源突然干涸，而这一切似乎与一只神秘的金色狐狸有关。

DeepSeek

《金色狐狸与干涸之泉》
莉莉丝是生活在偏远山村的一名少女，自幼便拥有与森林中的动物们交流的神奇能力。她每天与松鼠、野兔和鸟儿为伴，聆听它们的故事，感受大自然的脉动。然而，平静的生活被一场突如其来的危机打破——村里的水源在一夜之间干涸了。
村民们惊慌失措，纷纷猜测是山神发怒或天灾降临。莉莉丝却从一只年迈的猫头鹰口中得知，这一切似乎与一只神秘的金色狐狸有关。传说中，这只狐狸是森林的守护者，拥

有操控自然的力量。
为了拯救村庄，莉莉丝决定深入森林寻找金色狐狸。她带上干粮和水壶，踏上了未知的旅程。森林深处，树木愈发茂密，空气中弥漫着神秘的气息。
……

首先，提示词的起点设定清晰且引人入胜——“莉莉丝，一位生活在偏远山村的少女，自幼便能与森林中的动物们交流”；其次，提示词巧妙地引入了奇幻元素——“一天，她发现村里的水源突然干涸，而这一切似乎与一只神秘的金色狐狸有关”；再者，提示词明确提出了创作要求，“情节紧凑、奇幻元素丰富、角色鲜明，并在结尾处设置一个意想不到的转折”；最后，提示词留有足够的创作空间。

DeepSeek可以根据自己的理解和能力，为莉莉丝和金色狐狸设计不同的遭遇和命运，为故事增添独特的色彩和深度。

2.2　进阶方法：精准处理提示词

在处理提示词的时候，还可以进行精准提问，精准的提示词能够使得生成模型在更短的时间内生成高质量的内容，从而减少计算资源的消耗，降低运行成本。本节将为大家介绍相应的技巧。

2.2.1　问题导向提问，直击核心

扫码看教学视频

用户可以采用问题的形式，提出希望DeepSeek回答或讨论的内容，如“什么是新媒体运营及其应用领域”。注意，问题要明确具体，不要太宽泛，避免像“告诉我关于新媒体运营的全部内容”这样过于开放式的问题。另外，用户还可以使用“如何”“为什么”“什么”等提问词来构建提示词。在DeepSeek中进行问题导向的相关案例如下。

提示词

为什么近年来短剧变火了？

DeepSeek

近年来短剧之所以如此火爆，主要有以下几个原因。
1. 内容短小精悍，符合现代人碎片化时间需求
现代生活节奏快，人们的时间越来越碎片化。短剧通常每集只有几分钟，甚至几十秒，

非常适合在等车、排队、午休等零碎时间观看。观众可以随时随地打开手机，快速看完一集，既满足了娱乐需求，又不会占用太多时间。
2. 剧情紧凑，节奏快，吸引力强
短剧的时长限制决定了它的剧情必须紧凑、节奏快。每一集都有高能情节或反转，能够在短时间内抓住观众的注意力。这种“短平快”的叙事方式让观众欲罢不能，总想一口气看完。
……

在此处应用问题引导法，不仅限定了讨论的范围和焦点，还能够促使DeepSeek深入地剖析短剧火爆的原因，从而提供精准、有针对性的回应。这样的提示词鼓励DeepSeek从多个维度（如内容、剧情、门槛等）进行剖析，确保回应的全面性和深度。

2.2.2 补充细节描述，完善答案

扫码看教学视频

在提示词中提供具体、详细的细节和信息，可以帮助DeepSeek更好地理解需求，从而生成更准确、具体的回复。在DeepSeek中补充细节描述的相关案例如下。

提示词

我的小红书账号收到了一款名为“草莓万岁”甜品的品牌合作邀请，请你依据以下信息为我构思一篇吸引人的推荐笔记。
【气味】：浓郁的草莓味、淡淡的奶油味。
【关键词】：草莓、浪漫、可爱、治愈人心。
【品牌方要求】：以故事化的软文形式，目标受众为女生，精准捕捉需求，激发粉丝内心深处的情感共鸣。

DeepSeek

1. 标题：
“草莓万岁：一口下去，治愈了我的整个冬天”
2. 正文：
最近收到了一份特别的礼物——来自“草莓万岁”的甜品礼盒。打开盒子的那一刻，浓郁的草莓香气扑面而来，仿佛瞬间把我带回了夏天的草莓园，阳光洒在脸上，微风轻拂，空气中弥漫着甜甜的味道。
第一口下去，柔软的奶油与新鲜的草莓在舌尖交织，仿佛在跳一支浪漫的华尔兹。每一口都像是在品尝幸福，让人忍不住嘴角上扬。这款甜品不仅颜值超高，粉嫩的外表让人一眼心动，更重要的是，它的味道真的能治愈人心。
……

这个提示词强调了通过细腻的描述和精准的定位来丰富输出的内容。提示词中明确了“草莓万岁”甜品的核心气味——“浓郁的草莓味、淡淡的奶油味”，这是构建整篇笔记情感基调的关键，为后续的“草莓、浪漫、可爱、治愈人心”等关键词提供了具体载体。

2.2.3 统一格式规范，提升质量

扫码看教学视频

用户可以指定DeepSeek输出的格式要求，可以要求以列表的形式回复、限定字数长度等，以便得到更有条理的回复。在DeepSeek中统一格式规范的相关案例如下。

提示词

请分别总结出5个线上学习编程课程的优缺点，先介绍优点，再介绍缺点，并用“优点一”“缺点一”的格式进行输出。

DeepSeek

线上学习编程课程的优点与缺点
优点
优点一：灵活的学习时间
线上编程课程允许学员根据自己的时间安排学习，无论是白天、晚上还是周末，都可以随时开始。这种灵活性特别适合在职人士或学生，能够平衡学习与工作、生活。
优点二：丰富的课程选择
线上平台提供了从入门到高级的多种编程课程，涵盖Python、Java、前端开发、数据科学等多个领域……

这个提示词展现了高度的条理性和规范性。采用“优点一”“缺点一”的格式进行输出，不仅进一步强化了内容的条理性，还使得每一个要点都更加醒目和易于辨识。这种格式化的呈现方式，不仅便于DeepSeek组织思路，也便于读者快速捕捉到关键信息，提高了信息的传递效率。

2.2.4 构建逻辑链条，理清思路

扫码看教学视频

用户可以在提示词中提供足够的上下文信息，以便DeepSeek能够理解意图并生成逻辑准确的内容。在DeepSeek中构建逻辑链条的相关案例如下。

提示词

请帮我构思一篇小红书笔记文案，需要涵盖以下要点。
标题：面膜界的隐藏宝藏！
开头：今天入手了一款神奇的面膜，简直爱不释手！
高潮：敷完后肌肤嫩得像豆腐，暗沉全都不见了！
要求：语音风趣幽默，情感表达自然，字数控制在600字左右。

DeepSeek

1. 标题：
面膜界的隐藏宝藏！敷完肌肤嫩得像豆腐，暗沉全都不见了！
2. 正文：
姐妹们！今天我要分享一款让我尖叫的神奇面膜！说实话，一开始我是被它的颜值吸引的——包装简约高级，拿在手里就感觉“这货不简单”！打开后，一股淡淡的清香扑面而来，瞬间让我心情大好～
敷上脸的那一刻，我就知道，我挖到宝了！面膜纸超级服帖，精华液多到可以顺便给脖子做个SPA（别浪费嘛）。
……

这个提示词强调了文案构建的连贯性和完整性。首先，标题“面膜界的隐藏宝藏”直接设定了产品的地位，为整篇笔记奠定了高调的基调；接着，在开头部分，“今天入手了一款神奇的面膜，简直爱不释手”，这里不仅引入了产品，还通过“神奇”一词增添了神秘感和期待值，同时“简直爱不释手”直接表达了初步的使用感受，为后文的高潮部分做了铺垫。

2.3 交互策略：提升提示词效能

在交互策略中，提示词效能的提升是优化AI交互体验、增强模型响应质量和准确性的关键。本节将介绍一些具体的策略和方法，旨在帮助大家提升提示词的效能。

2.3.1 积极引导对话，激发潜能

扫码看教学视频

在提示词中运用肯定的语言进行积极引导，可以最大限度地激发DeepSeek的正面回应，提高提示词的有效性，从而让DeepSeek生成更符合要求的结果。在DeepSeek中进行积极引导的相关案例如下。

提示词

你非常擅长提供旅游推荐，请根据我的游玩偏好，为我推荐一些旅游地和旅游攻略。
我的游玩偏好：喜欢去人少的地方，偏爱传统口味的食物，不怎么爱去人多的城市或者商场。

DeepSeek

旅游地推荐及攻略
一、旅游地推荐
1. 徽州古村落（如西递、宏村）
推荐理由：古村落保存了完好的徽派建筑和传统的生活方式，人流量相对较少，尤其适合喜欢宁静和传统文化的你。漫步在青石板路上，感受白墙黛瓦的古朴韵味，仿佛穿越到了明清时代。
美食推荐：徽州毛豆腐、臭鳜鱼、徽州烧饼，都是地道的传统风味。
2. 云南丽江古城周边（如束河古镇、白沙村）
推荐理由：丽江古城周边的束河古镇和白沙村，同样拥有浓厚的民族风情，但比丽江古城本身更为宁静……

这个提示词采用了积极正面的表达方式，对DeepSeek的能力进行了认可。“你非常擅长提供旅游推荐”这句话，直接对DeepSeek的能力给予了高度评价，这种肯定性的语言能够激发DeepSeek的积极性，使其更愿意投入精力去完成任务。

2.3.2 创建角色情境，增强代入

扫码看教学视频

用户可以假设一个角色身份并提出问题，这样可以为DeepSeek提供更明确的情境。需要注意的是，身份设定要具体和明确，如学生、医生等，避免过于宽泛的身份设定。同时，背景情境要尽量描述充分，帮助DeepSeek更好地理解该身份的视角。另外，要尽量用第一人称表达身份，增强代入感和逼真度。在DeepSeek中创建角色情境的相关案例如下。

提示词

我有多年从事行政管理工作的经验，最近转岗成为项目经理，但在新岗位上感到许多不适应，尤其是在项目规划和团队协调方面感觉力不从心，工作效率也不如从前。请根据我的现状，推荐一些能够帮助我提升项目管理和团队协作技能的方法。

DeepSeek

提升项目管理和团队协作技能的方法
一、明确项目目标与任务分工
与团队深入讨论：与团队成员明确项目的整体目标、交付成果和时间节点，确保大家对项目有共同的理解。
制订详细计划：使用项目管理工具（如甘特图、看板）将项目分解为具体的任务，并为每个任务设定明确的负责人和截止日期。
SMART原则：确保任务目标具体（Specific）、可衡量（Measurable）、可实现（Achievable）、相关（Relevant）和有时间限制（Time-bound）。
……

这个提示词首先通过设定一个具体的角色身份——“我有多年从事行政管理工作的经验，最近转岗成为项目经理”，这一背景信息立刻构建了一个鲜活的人物形象，使DeepSeek能够迅速代入到这个身份，理解其面临独特的挑战和困境。

通过这种提问的方式，不仅增强了提示词的场景代入感，还使得DeepSeek在生成回应时能够更加贴近用户的需求和心理，从而提供更加贴心和有效的建议。

2.3.3 直接提问要点，快速获解

扫码看教学视频

在编写DeepSeek的提示词时，“直接问”是一种高效且实用的策略，其核心在于通过简洁、直接的语言表达自己的需求，确保DeepSeek能够迅速而准确地理解并回应。在DeepSeek中进行直接提问的相关案例如下。

提示词

请告诉我明天北京的天气预报。

DeepSeek

根据最新的天气预报，明天北京的天气情况如下。
白天：晴，北转南风2～3级，最高气温12℃。
夜间：晴转多云，南转北风1～2级，最低气温-1℃。
温馨提示：
气温变化：明天白天温暖，但昼夜温差较大，早晚气温较低，建议适时增减衣物，注意保暖。
……

这个提示词展现了高度的条理性和规范性。采用“优点一”“缺点一”的格式进行输出，不仅进一步强化了内容的条理性，还使得每一个要点都更加醒目和易于辨识。这种格式化的呈现方式，不仅便于DeepSeek组织思路，也便于读者快速捕捉到关键信息，提高了信息的传递效率。

2.3.4　细致划分问题，逐个击破

扫码看教学视频

在编写DeepSeek的提示词时，采用“精准问”的策略至关重要，这意味着用户需要对问题进行细致的划分和明确的表述，以确保DeepSeek能够准确理解用户的意图，并给出符合预期的答案。在DeepSeek中进行细致划分的相关案例如下。

提示词

我需要你为我生成一份关于“数字化转型对中小企业竞争力影响”的研究报告，报告应包含引言、现状分析、影响评估、应对策略和未来展望5个部分，请确保报告中的数据准确、来源可靠，并附上参考文献列表。

DeepSeek

数字化转型对中小企业竞争力影响的研究报告

引言

随着数字技术的快速发展，数字化转型已成为全球经济发展的核心驱动力。中小企业作为经济的重要组成部分，其数字化转型不仅关乎企业自身的生存与发展，也对整体经济结构的优化升级具有重要意义。然而，中小企业在数字化转型过程中面临诸多挑战，如资金不足、技术门槛高、人才短缺等。本报告旨在分析数字化转型对中小企业竞争力的影响，探讨其现状、影响机制及应对策略，为中小企业提供参考和指导。

现状分析

1. 中小企业数字化转型的现状

近年来，中小企业数字化转型步伐加快，但仍处于初级阶段。根据相关数据，仅有30%的中小企业实现了部分业务的数字化，而全面数字化的企业占比不足10%。

数字化转型主要集中在生产流程优化、供应链管理和客户服务等领域，但在数据分析和人工智能应用方面仍显不足。

……

“精准问”的提示词策略主要是通过细化问题来减少误解，相较于“我需要你为我生成一份关于‘数字化转型对中小企业竞争力影响’的研究报告”这样简单直接的指令，使用上述提示词能更精确地引导DeepSeek，确保DeepSeek给出的回答更加准确、全面和符合用户的期望。

2.4 创新应用：拓展提示词开发

在AI智能创作领域，提示词的开发与拓展是激发AI模型潜能、推动技术进步和满足多样化需求的关键。本节将介绍一些关于提示词开发拓展的创新技巧。

2.4.1 使用操作指令，指挥有方

扫码看教学视频

采用“指令式提问”的提示词策略，能够显著提升DeepSeek的工作效率和回复结果的准确性。“指令式提问”策略强调在提问时直接给出明确的操作指令，让DeepSeek能够迅速理解并执行相应的任务。在DeepSeek中使用操作指令的相关案例如下。

提示词

请根据我提供的关键词（远程医疗、健康监测设备、数据分析），编写一段介绍这些技术在改善公共健康管理方面重要性的段落，不超过200字。

DeepSeek

远程医疗、健康监测与数据分析技术的融合，正革新公共健康管理。远程医疗让患者在线获专业服务，惠及偏远和行动不便的人群。智能设备如手环、血压计实时监测健康，帮助个人与医生掌握状况。数据分析则可以挖掘海量信息，预警风险，优化诊疗，辅佐公共卫生决策。三者协同，提升医疗的可及性与效率，精准预防疾病，夯实智能高效健康体系基础。

在上述提示词中，首先要求DeepSeek根据给定的关键词（远程医疗、健康监测设备、数据分析）进行创作，这种明确的指令使得DeepSeek能够迅速理解任务的核心要求；其次，通过“编写一段介绍这些技术在改善公共健康管理方面重要性的段落”这一描述，进一步明确了创作的具体内容，即需要对这些技术在改善公共健康管理方面的重要性进行阐述。

2.4.2 预设引导模板，便捷调用

扫码看教学视频

在编写DeepSeek的提示词时，可以采用“模板化引导”策略，这是一种高效且有序的方法，它通过预设的模板来规范DeepSeek的输出格式和内容结构，确保结果的统一性和可预测性。同时，“模板化引导”策略也为后续的内容管理和利用提供了便利。在DeepSeek中采用预设引导模板编写提示词的相关案例如下。

提示词

请按照以下模板生成科研项目结题报告。
科研项目概述：简述项目背景、目标和意义。
研究方法：
需求分析：详细描述研究的需求，包括理论依据和实际应用场景。
设计方案：概述研究的设计思路和实验方案。
实施过程：列出实验过程中的关键步骤、使用的材料和技术。
成果展示：通过图表、数据等形式展示研究成果。
问题与挑战：总结在完成项目过程中遇到的问题和解决方案。
总结与展望：对项目进行总结，并对未来研究方向提出建议。
请确保报告内容翔实、条理清晰，并附上必要的附件和参考文献。

DeepSeek

科研项目结题报告
1. 科研项目概述
本项目旨在通过整合远程医疗、健康监测设备和数据分析技术，提升公共健康管理的效率与精准度。随着人口老龄化和慢性病患病率的上升，传统医疗模式面临资源分配不均、服务覆盖不足等挑战。本项目通过开发智能化健康管理平台，实现远程诊疗、实时健康监测和数据分析，为患者提供个性化健康管理方案，同时为公共卫生决策提供数据支持。项目的实施对优化医疗资源配置、提高疾病预防能力具有重要意义。
2. 研究方法
需求分析
（1）理论依据：基于远程医疗理论、物联网技术和大数据分析方法，结合公共卫生管理需求，构建智能化健康管理框架。
……

这个提示词利用了一个范例模板来规范科研项目报告的输出结构，明确了报告应包含的主要部分和各部分的具体要求，从而有助于DeepSeek生成结构清晰、内容完整的项目报告。

2.4.3　整合提问信息，全面分析

扫码看教学视频

采用“整合式提问”策略编写的提示词，可以显著提高DeepSeek的回复效果，因为它通过将多个相关问题整合到一个提示词中，减少了重复提问，有助于提高提问效率。在DeepSeek中整合提问信息的相关案例如下。

提示词

请为我完成以下任务。
1. 收集近一个月内关于“5G技术在远程办公中的应用”的最新研究报告，并提炼出每篇报告的主要观点和结论。
2. 基于收集到的信息，分析5G技术在远程办公领域的主要应用场景和潜在的挑战。
3. 针对每个应用场景，提出至少两项改进建议，并简要说明其可行性和预期效果。
4. 最后，将以上内容整合成一篇500字左右的短文，用于公司内部简报，要求语言简洁明了、重点突出。

DeepSeek

5G技术在远程办公中的应用与改进建议
近期研究表明，5G技术在远程办公领域的应用正逐步深化，为企业提供了更高效、灵活的办公模式。以下是主要研究发现、应用场景分析及改进建议的总结。
主要研究发现
1. 低延迟与高带宽：5G技术显著提升了视频会议和实时协作工具的性能，减少了卡顿和延迟问题。
2. 移动办公支持：5G网络的高覆盖率和稳定性使员工能够随时随地接入企业系统，提升工作效率。
3. 虚拟现实（VR）与增强现实（AR）应用：5G为远程培训、虚拟会议等场景提供了技术支持，增强了沉浸式体验。
……

在这个案例中，通过“整合式提问”策略，在单个提示词中综合了多个请求，包括信息收集、分析、建议提出和文章撰写等。这种方式不仅减少了重复提问的次数，还提高了DeepSeek处理任务的效率，从而更快地获得所需的结果。

2.4.4 创新提问策略，挖掘潜力

扫码看教学视频

采用“创新式探索”策略编写的提示词，能够激发DeepSeek以非传统的方式思考，鼓励DeepSeek生成独特、新颖的见解和解决方案。这种策略强调跳出常规框架，勇于尝试不同的方法和思路，以激发创意的火花。在DeepSeek中创新提问策略的相关案例如下。

提示词

请运用你的创造力和想象力，结合对未来的幻想与历史文化元素，为我构思一个独一无二的故事。在这个故事中，高度发达的人工智能与古老文明的智慧相互交织，现代社会的人类与来自过去的灵魂共处一个既现代又充满历史韵味的世界。在这个世界里，科技

与传统艺术共同繁荣，城市景观中既有摩天大楼，也有古老的庙宇。
你的任务是探索这样一个世界中的日常生活、社会结构以及文化冲突。故事可以围绕着一位年轻的艺术家展开，他/她试图通过融合古代技艺与现代技术来创造前所未有的艺术品。这位艺术家不仅要面对来自保守派对传统的坚守，还要应对那些认为应彻底抛弃过去、全力追求未来的极端分子的挑战。
你不需要遵循传统的叙事方式，鼓励大胆创新，深入探讨个人身份认同、文化遗产保护与现代科技发展之间的紧张关系。我希望看到一个不仅令人惊喜且发人深省的故事，它能够激发关于如何平衡进步与传承之间关系的深刻思考，并带给读者深刻的启示和反思。

DeepSeek

故事标题：《光影交织的匠人》
世界观设定
在未来的“新长安城”，科技与历史完美交融。城市中心矗立着量子计算驱动的摩天大楼，而街道两旁则是仿唐式庙宇和宋代园林。人工智能“天工”管理着城市的运转，同时古老的灵魂通过全息投影技术重现于世，与人类共同生活。这里，传统艺术与尖端科技并存，社会在进步与传承的张力中寻找平衡。
主角设定
林墨，25岁，一位年轻的混合媒体艺术家。她擅长将古代技艺（如漆器、刺绣）与现代技术（如全息投影、纳米材料）结合，创造出震撼人心的艺术品。她的祖父是著名的漆器大师，生前曾告诉她：“技艺是灵魂的语言，而灵魂永不消逝。”
故事主线
第一章：光影初现
林墨在祖父的工作室中发现了一本古老的漆器制作手册，书中夹着一张全息芯片。激活芯片后，她意外召唤出了祖父的全息灵魂。祖父告诉她，漆器中隐藏着一个古老的秘密，只有通过融合传统技艺与现代科技才能解开。
第二章：保守与激进的对立
林墨的作品在艺术展上引发争议。保守派“守旧会”认为她亵渎了传统，要求她停止“破坏”古代技艺；而激进派“未来先锋”则认为她过于依赖过去，呼吁她彻底抛弃历史，专注于科技创造。林墨陷入两难，但她坚信自己的道路。
第三章：技艺与科技的融合
在祖父的指导下，林墨开始制作一件前所未有的艺术品：一幅结合漆器工艺与全息投影的“光影屏风”。她使用纳米材料增强漆器的质感，并通过全息技术让屏风上的图案随观者的情绪变化。在创作过程中，她逐渐理解了祖父所说的“灵魂的语言”。
……

在这个案例中，通过设定开放式问题、引导非传统思维、结合跨界元素等方式，鼓励DeepSeek进行创新式探索。提示词中明确表达了希望DeepSeek打破常规、激发创意的意愿，并给出了具体的创作方向和要求。这种方式有助于DeepSeek生成独特、新颖的创意作品，满足用户的期待。

第 3 章

深度提问：让 DeepSeek 效率翻倍

本章将围绕如何通过优化提问框架与提示词，巧妙运用各类技巧，如编写有效提示、加入限定语言、指定受众群体等，全方位引导DeepSeek生成更精准、更高效的回复，解锁其隐藏的高效潜能，开启深度交互的全新篇章。

3.1 优化框架：提升交互效果

优化提示词的框架是指调整用户与DeepSeek交互时提供的提示词的结构和方式，这个框架能够帮助用户更有效地与人工智能进行沟通，从而获得更准确、更相关的回答。本节将详细介绍优化提示词框架，提升交互效果的方法。

3.1.1 编写有效提示，助力生成

扫码看教学视频

提示词，也可以称作提示词，是DeepSeek进行回复、给出答案的依据。如果用户想要让DeepSeek更有效地生成文案，可以提供一些文案的类型、特征、范围等信息作为提示词，输入给DeepSeek，DeepSeek会根据提示词给出回复。

保持清晰、明确和简洁是编写有效提示词的关键，同时要考虑整体逻辑性和与生成目标的相关性。用户在编写提示词时，应该与需求紧密结合，选择合适的提示词，不同的提示词所获得的AI文案是有区别的。下面将举例介绍在输入不同的提示词时，DeepSeek给出的不同回复。

步骤01 登录并进入DeepSeek，输入并发送比较宽泛的提示词，让AI生成对应的宣传文案，相关提示词和回复内容如下。

提示词

请写出10个电商产品的宣传文案。

DeepSeek

1. 智能家居摄像头
24小时守护，安心每一刻！高清夜视、双向通话，远程守护你的家，安全从未如此简单！
2. 无线蓝牙耳机
音乐无拘无束，畅享自由！超长续航、降噪清晰，随时随地沉浸在你的音乐世界！
3. 便携式榨汁机
健康生活，随手可得！小巧便携，30秒鲜榨，随时随地享受天然果汁，活力满满每一天！
4. 智能扫地机器人
解放双手，清洁无忧！智能规划路线，强力吸尘，让家务变得轻松又高效！
5. 电动牙刷
洁白笑容，从齿开始！高频震动，深度清洁，呵护牙龈，让你的笑容更自信！
……

步骤02 新建一个对话窗口，输入并发送比较具体的提示词，即可让AI生成

关于电冰箱产品的宣传文案，相关提示词和回复内容如下。

提示词

请写出10个电冰箱产品的宣传文案。

DeepSeek

1. “智能保鲜，新鲜每一天！”
搭载智能温控系统，精准锁住食材水分与营养，让每一口都如初摘般新鲜。
2. “大容量，小能耗，环保又省心！”
超大存储空间，低能耗设计，满足全家需求的同时，守护地球资源。
3. “静音运行，享受宁静生活！”
超低噪声设计，夜晚也能安静运行，让您和家人安心入眠。
4. “急速冷冻，锁住美味瞬间！”
快速冷冻技术，瞬间锁住食材鲜味，让美味随时待命。
5. “风冷无霜，告别手动除霜烦恼！”
风冷循环技术，告别结霜困扰，省时省力，轻松享受洁净空间。
6. “智能互联，远程掌控新鲜！”
……

由上面的回复可知，DeepSeek对宽泛的提示词和具体的提示词的识别度是不同的，会给用户提供不一样的回复。

在输入宽泛的提示词时，DeepSeek给出的回复会较为概念化，涉及多个方面的信息；而在输入具体的提示词时，DeepSeek会给出更贴近提问的回复。两种提示词各有其用处，用户选择输入哪种提示词取决于真正的需求是什么。

3.1.2 加入限定语言，明确条件

扫码看教学视频

如果用户在给DeepSeek的提示词中已经说明了主题，但依然没有得到理想的回复，可以进一步细化主题描述，多加入一些限定语言或条件，具体操作方法如下。

步骤01 在DeepSeek中输入并发送主题为雨伞产品推广文案的提示词，即可让AI生成对应的推广文案，相关提示词和回复内容如下。

提示词

请提供5条雨伞的产品推广文案。

DeepSeek

1. “晴天雨天，一路相伴！”
无论是烈日还是暴雨，我们的雨伞都能为你提供贴心的保护。轻便设计，外观时尚，让你随时随地都能轻松出行！
2. “抗风防雨，品质之选！”
采用高强度材质，稳固抗风，轻松应对恶劣的天气。选择我们的雨伞，给你最安心的防护体验！
3. “小巧便携，随时为你遮风挡雨！”
折叠设计，轻松放入包中，不占空间。无论是通勤还是旅行，都能随时随地为你提供保护！
4. “时尚与功能兼备，撑起你的独特风格！”
多种颜色和图案可选，满足你的个性需求。让我们的雨伞成为你日常穿搭的时尚单品！
5. “环保材质，守护自然与你的每一刻！”
采用环保材料制作，既保护环境，又为你提供持久耐用的使用体验。选择我们，为地球贡献一份力量！
6. “时尚与功能兼备，撑起你的独特风格！”
……

步骤02 单击已发送的提示词左边的“编辑消息”按钮，如图3-1所示。

步骤03 弹出提示词编辑框，❶加入限定语言，改写提示词；❷单击“发送”按钮，如图3-2所示。

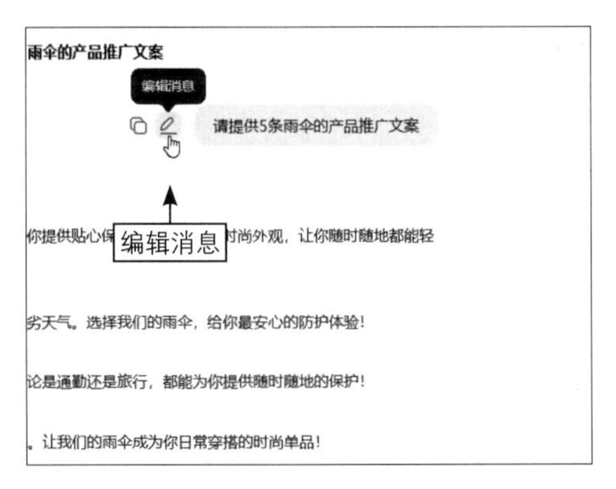

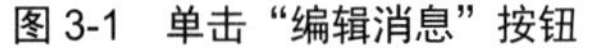
图3-1　单击“编辑消息”按钮

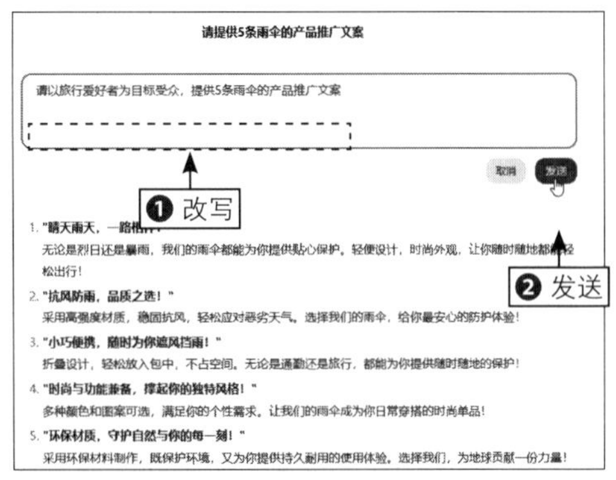

图3-2　单击“发送”按钮

步骤04 执行操作后，即可让DeepSeek根据新的提示词生成文案，相关提示词和回复内容如下。

DeepSeek

旅行爱好者专属！5条雨伞推广文案，让你雨天也畅行无阻。

1. “说走就走，风雨无阻！” 这款超轻折叠伞，仅有手机大小，可轻松塞进背包侧袋，晴天遮阳，雨天挡雨，陪你征服每一段旅程！
2. “告别狼狈，优雅出行！” 升级版抗风伞骨，8级大风也稳如泰山，再也不用担心伞被吹翻的尴尬，让你在旅途中始终保持优雅从容。
3. “一伞在手，世界我有！” 超大伞面设计，360° 全方位防护，即使暴雨倾盆也能为你和背包撑起一片晴空，尽情享受旅途中的每一刻。
4. “轻巧便携，旅行必备！” 仅重200g，比一瓶矿泉水还轻，随身携带毫无负担，无论是城市漫步还是户外探险，都能轻松应对突如其来的天气变化。
5. “晴雨两用，一伞搞定！” 采用防紫外线涂层，有效阻挡99%的紫外线，晴天防晒，雨天挡雨，一把伞就能满足你的所有需求，让你的旅途更加轻松惬意！

步骤05 单击提示词左边的“编辑消息”按钮，在提示词中加入限定条件，改写提示词，让DeepSeek再次根据新的提示词生成文案，相关提示词和回复内容如下。

提示词

请以旅行爱好者为目标受众，提供5条雨伞的产品推广文案，要求突出产品的亮点，有吸引力。

DeepSeek

旅行爱好者必备！这5款雨伞让你雨天也能玩出彩！
1. 轻若无物，畅游无忧：XX超轻迷你折叠伞，仅重200g，可轻松塞进背包侧袋，旅行途中再也不用担心负重！
2. 遮阳挡雨，一伞两用：XX晴雨两用伞，UPF50+防晒涂层，有效阻挡紫外线，晴天雨天都能从容应对，旅行更安心！
3. 抗风王者，无惧风雨：XX超强抗风伞，8级大风稳如泰山，海边、山顶等风大地区也能轻松驾驭，旅行更尽兴！
4. 一键开合，优雅从容：XX自动开合伞，单手操作，轻松开合，即使抱着行李也能优雅应对突发天气，旅行更从容！
5. 个性定制，旅行更出彩：XX定制图案伞，多种旅行主题图案可选，让你的雨伞成为旅行中的独特风景线，拍照更上镜！
旅行途中，天气多变，一把好伞必不可少！选择XX雨伞，让你的旅行更轻松、更安心、更出彩！

DeepSeek会根据提示词的主题细化程度给出不同的回复。一般来说，用户输入的主题描述越详细，得到高效回复的概率会越大。

3.1.3 模仿语言风格，特定生成

扫码看教学视频

当用户不知道如何编写提示词才能够获得满意的回复时，可以指定语言风格，让DeepSeek进行模仿，并按照特定风格来生成回复，用户可以指定自己喜欢的影视人物、动漫人物、作家和文学作品等语言风格，相关案例如下。

提示词

请以阿瑟·柯南·道尔的语言风格，为一部儿童侦探动画片创作脚本文案。

DeepSeek

标题：小侦探夏洛与神秘消失的糖果
场景一：贝克街221B号，夏洛的卧室
（镜头缓缓推进，展示一间充满童趣的房间，墙上贴着各种侦探海报，书架上摆满了侦探小说。）
夏洛（坐在书桌前，手里拿着一本《侦探手册》，自言自语）：
“嗯，今天的案件真是令人费解。贝克街小学的糖果柜竟然在一夜之间消失了！这可不是普通的盗窃案，一定有什么线索被忽略了。”
（夏洛站起身，戴上他的小侦探帽，披上斗篷，拿起放大镜。）
夏洛：“华生，我们得去现场看看！”
（一只胖乎乎的小狗从角落里跑出来，摇着尾巴，脖子上挂着一个小笔记本。）
华生（汪汪叫了两声，仿佛在回应）：“汪汪！”
……

这个提示词精炼且富有创意，它明确要求使用阿瑟•柯南•道尔的语言风格来创作儿童侦探动画片的脚本文案，既限定了创作方向，又激发了创作灵感，非常适合需要特定风格文案的场合。

3.1.4 指定受众群体，精准回复

扫码看教学视频

用户在与DeepSeek进行对话时，可以指定受众群体。通过提供特定领域、特定背景或专业知识相关的问题，让DeepSeek更好地理解你的需求，从而提供更准确、高效的回复，相关案例如下。

提示词

请针对长时间坐在电脑前的上班族，创作一篇有关按摩仪的产品推广文案，要求突出产品的质量和实用性，不超过500字。

DeepSeek

告别腰酸背痛，焕活每一刻！——XX按摩仪，你的职场健康守护者

长时间伏案工作，腰酸背痛、肩颈僵硬成了你的“职场标配”？是时候和这些不适说再见了！XX按摩仪，专为久坐的上班族设计，为你带来专业级的按摩体验，让你在繁忙的工作中也能享受片刻放松，焕发活力！

精准按摩，直击痛点：XX按摩仪采用仿人手3D按摩技术，精准定位穴位，深度揉捏肌肉，有效缓解腰肌劳损、肩颈僵硬等问题，让你告别酸爽，重拾轻松。

多挡调节，满足个性需求：无论是轻柔舒缓还是强劲有力，XX按摩仪都能满足你的不同需求。多种按摩模式可选，让你随心定制专属按摩体验。

人性化设计，舒适贴心：符合人体工学的流线型设计，贴合身体曲线，带来舒适的按摩体验。可调节绑带设计，方便你在办公椅上、沙发上，甚至床上都能享受按摩。

高品质材质，安全耐用：XX按摩仪选用优质环保材料，安全无毒，经久耐用。让你用得放心、舒心。

……

这个提示词清晰地指出了受众群体为长时间坐在电脑前的上班族，明确了创作主题是按摩仪的产品推广文案，且对文案的核心要点——突出产品质量和实用性进行了强调，同时对字数进行了限制，要求不超过500字，整体要求合理且具有针对性，能够帮助用户生成较为精准且符合需求的推广文案。

3.1.5 加入种子词汇，优化答案

扫码看教学视频

种子词是指在生成的回复中需要包含的字词。用户在提示词中加入种子词，可以帮助DeepSeek更快地提取到恰当的文本数据，从而生成更为有效的答案，相关案例如下。

提示词

请根据种子词生成一篇爽肤水产品的推广文案，不超过500字，种子词：成分天然、温和补水、持久保湿。

DeepSeek

告别干燥，唤醒水润肌！XX天然植物爽肤水，给你看得见的改变！

你是否也在为肌肤干燥、缺水而烦恼？试遍了各种护肤品，却依然找不到真正有效的补水方案？
XX天然植物爽肤水，萃取天然植物精华，温和不刺激，为你带来前所未有的补水体验！
成分天然，温和呵护：精选金盏花、芦荟、积雪草等多种天然植物精华，0酒精、0香精、0色素，温和亲肤，即使是敏感肌也能安心使用。
温和补水，直达肌底：小分子精华，快速渗透肌底，为干燥的肌肤注入水分，瞬间缓解肌肤干渴，令肌肤水润饱满，充满弹性。
持久保湿，锁住水分：独特保湿因子，在肌肤表面形成锁水膜，有效锁住水分，防止水分流失，令肌肤长时间保持水润状态。
使用方法：洁面后，取适量爽肤水于掌心，轻轻拍打至面部和颈部，直至完全吸收。
现在购买，享受限时优惠！还等什么？快来体验XX天然植物爽肤水的神奇魔力，让你的肌肤重现水润光彩！
XX天然植物爽肤水，你的肌肤补水专家！

这个提示词简洁明了，有效地概括了生成推广文案的核心要求。种子词“成分天然、温和补水、持久保湿”精准定位了产品的核心卖点，为文案创作提供了清晰的方向，有助于快速构思出符合要求的推广内容。

3.1.6　套用固定提示，精准作答

扫码看教学视频

当用户需要指定DeepSeek的语言风格、内容属性时，可以套用“你的角色【专业领域】+你的能力【成果期待】+我希望你【任务需求】”这个提示词模板，让AI生成自己想要的答案，相关案例如下。

提示词

你的角色是新媒体运营导师，你拥有超强的运营操盘能力和丰富的专业知识，能够为用户提供专业化、实用性强的运营指导。现在我希望你为一个刚入职的小红书运营人员提供一些文案方面的建议。

DeepSeek

小红书运营新手文案指南：从0到1打造爆款笔记
作为一名刚入职的小红书运营人员，想要写出爆款笔记，以下这些文案写作技巧你一定要掌握。
一、找准定位，明确目标用户
你是谁？ 你运营的账号定位是什么？是美妆、穿搭、美食、旅行还是其他？
你的目标用户是谁？ 他们的年龄、性别、职业、兴趣爱好是什么？
你能为他们提供什么价值？ 是干货分享、产品推荐，还是生活方式引导？

二、打造吸睛标题，抓住用户的眼球
数字法：用具体的数字突出亮点，例如“3分钟搞定日常妆容”“5款平价好物，学生党必入！”
疑问法：提出用户关心的问题，引发好奇，例如“为什么你的妆容总是显脏？”“如何挑选适合自己的粉底液？”
痛点法：直击用户痛点，引发共鸣，例如“熬夜党必备！拯救暗沉肌肤的急救面膜”“拯救小个子！显高穿搭技巧分享”
……

这个提示词设计得非常精准，明确了角色定位和目标受众。首先，它清晰界定了“新媒体运营导师”这一角色，突出了“超强的运营操盘能力”和“丰富的专业知识”，增强了可信度。其次，目标明确，针对“刚入职的小红书运营人员”，提供了具体的需求场景，便于生成实用性强的内容。最后，提示词简洁明了，避免了冗余信息，确保了输出的专业性和针对性，非常适合指导新手运营人员。

3.2　优化提示：引导高效回复

在对话的过程中，DeepSeek能够根据上下文给出连续性回复，因此当用户对DeepSeek初次提供的文案不太满意时，可以通过优化提示词，来引导AI生成高效、符合预期的回复。本节将介绍一些优化提示词，引导高效回复的技巧。

3.2.1　抓住关键要点，高效沟通

扫码看教学视频

DeepSeek根据用户提供的提示词来生成文案，因此文案的内容与提示词有关。一般来说，越准确、有针对性的提示词越会获得更令人满意、高效的回复，这就要求用户在编写提示词时应抓住问题的核心和关键点，并将其融入提示词。

例如，用户的问题是需要写一篇推文，但不能单纯地将“请写一篇推文”作为提示词输入给DeepSeek，而是应该稍加思考，有没有发布的平台、具体的主题、受众群体和相关的要求等，所有涉及推文的相关内容，都可以作为关键信息给予AI，相关案例如下。

提示词

请帮我写一篇面向职场人士的办公类文案指南，发布平台为微信公众号，内容是指导

职场人士进行办公类文案的书写，并介绍公司最新推出的办公类文案入门课程，要求500字左右。

DeepSeek

告别“词穷”尴尬！职场人必备的办公文案指南，助你轻松写出专业范儿！
在职场中，你是否也曾为写一封邮件、一份报告而绞尽脑汁？是否担心自己的文案不够专业，影响工作效率和形象？别担心，这份职场办公文案指南，将为你扫清障碍，助你轻松写出专业、得体的办公文案！
一、明确目标，有的放矢
在写文案前，首先要明确目标受众和写作目的。比如，是向上级汇报工作，还是与同事沟通协作？是传达信息，还是说服对方？只有明确目标，才能有的放矢，选择合适的语言风格和表达方式。
二、结构清晰，逻辑严谨
一篇好的办公文案，结构清晰、逻辑严谨是基本要求。可以采用“总—分—总”的结构，开头点明主题，中间展开论述，结尾总结升华。同时，注意段落之间的逻辑衔接，使用连接词可以使文章更加流畅、自然。
……

从以上回复可以看出，AI按照所给的提示词，贴合推文的受众群体和主题，提供了一篇要点清晰、有技巧干货的推文，能够为用户提供一些灵感。

3.2.2　循序渐进提问，深入交流

扫码看教学视频

相对于其他AI机器，DeepSeek的优势在于其具备出众的自然语言处理技术和交互能力，因此用户可以将DeepSeek视作“人”来进行沟通，通过循序渐进地提出问题，使答案更加接近用户的预期，具体操作方法如下。

步骤01 在DeepSeek中输入并发送提示词，便可以得到AI生成的回复，相关提示词和回复内容如下。

提示词

电商运营工作者想培养良好的写作习惯要怎么做？

DeepSeek

培养良好的写作习惯对电商运营工作者至关重要，以下是一些建议。
1. 明确目标，制订计划
确定写作目的：是为了提升品牌形象、促进销售，还是与受众互动？明确目标有助于确定写作方向。

制订写作计划：根据目标，规划写作频率、主题和发布渠道，并坚持执行。
2. 持续输入，积累素材
关注行业动态：阅读行业资讯、竞品分析等，保持对市场的敏感度。
学习优秀案例：研究优秀电商文案、营销文章，分析其结构和语言技巧。
……

步骤02 在同一个窗口中继续输入并发送提示词，AI会给出积累素材的方法，相关提示词和回复内容如下。

提示词

如何更好地积累素材?

DeepSeek

积累素材是提升写作能力的关键，以下是一些有效的方法。
1. 建立素材库
分类整理：根据主题、类型等对素材进行分类，便于查找。
使用工具：利用笔记软件（如印象笔记、有道云笔记）或电子表格管理素材。
定期更新：不断添加新素材，保持素材库的时效性。
2. 多渠道收集
行业资讯：关注行业网站、公众号、论坛等，获取最新动态。
竞品分析：研究竞争对手的文案、活动等，借鉴优秀的做法。
用户反馈：通过评论、客服等渠道收集用户的意见，了解需求。
社交媒体：关注热点话题和用户讨论，寻找灵感。
……

步骤03 用户还可以继续提问其他细节，在窗口中输入并发送提示词，AI会给出保持受众视角的方法，相关提示词和回复内容如下。

提示词

如何保持受众视角?

DeepSeek

保持受众视角是写作和沟通中的关键，以下是一些具体的方法。
1. 深入了解受众
明确受众群体：确定你的受众是谁，包括年龄、职业、兴趣等。
分析受众需求：了解他们的痛点、需求和期望。
研究受众行为：通过数据或调研，掌握他们的阅读习惯和偏好。

2. 使用受众语言
避免使用专业术语：使用受众熟悉的语言，确保易懂。
使用贴近受众的表达：模仿他们的表达方式，增强共鸣。
注重语气：根据受众的特点选择合适的语气，如正式或轻松。
3. 提供受众价值
……

由上述示例可以看出，AI根据用户循序渐进的提问会给出更加细致的回复。当用户运用这个方法向AI提问时，相当于将AI视作一个知识渊博的“人”，循序渐进地抛出问题，让其满足自己的好奇心。

3.2.3 鼓励激发创意，多元解答

扫码看教学视频

鼓励式引导，是指用户在向DeepSeek提问时，采用鼓励AI给出更加详细、更具创意的回复的提问方式。这类提问方式适用于开放性的问题，可以用“让我们思考一下……”“让我们讨论一下……”“还有什么其他的想法吗”等句式来提问，具体操作方法如下。

步骤01 在DeepSeek中输入并发送提示词，让AI提供团建活动的创意，相关提示词和回复内容如下。

提示词

让我们思考一下：关于中秋节可以策划哪些有创意的团建活动?

DeepSeek

中秋节团建活动可以结合传统文化与现代创意，以下是一些有创意的策划方向。
1. 中秋文化体验
- 传统手工艺制作：组织员工制作灯笼、剪纸或月饼，体验传统文化。
- 汉服体验：提供汉服租赁，员工可穿着汉服参与活动，感受古代中秋氛围。
- 中秋诗词会：举办诗词朗诵或创作比赛，主题围绕中秋或月亮。
2. 户外赏月活动
- 露营赏月：在户外露营，搭配烧烤、篝火晚会和赏月活动。
- 夜游活动：组织夜游公园或湖边，结合灯光秀或音乐表演。
- 观星赏月：邀请天文学家讲解星空知识，边赏月边学习天文知识。
3. 公益与环保结合
……

步骤02 在同一个窗口中继续输入并发送提示词，DeepSeek会给出更多的团

建活动创意，相关提示词和回复内容如下。

提示词

感谢解答，这些建议给了我一些新思路，还有什么其他的想法吗?

DeepSeek

当然！除了之前的建议，这里还有一些更具创意和互动性的中秋节团建活动，帮助团队进一步激发活力。

1. 中秋主题沉浸式体验

- 中秋剧本杀：设计一个以中秋传说（如嫦娥奔月、吴刚伐桂）为背景的剧本杀游戏，员工分组扮演角色，解谜互动。

- 中秋游园会：打造一个古风游园会，设置投壶、猜灯谜、套圈等传统游戏，员工可穿着汉服参与，沉浸式体验古代中秋氛围。

2. 创意美食与团队协作

- 中秋美食盲品挑战：准备不同口味的月饼或其他中秋美食，员工蒙眼品尝并猜出食材或口味，考验味觉和团队的默契。

- 团队厨艺大赛：分组进行中秋主题的烹饪比赛，比如用限定食材制作创意菜肴或月饼，评选最佳团队。

- 中秋调酒大赛：以“月亮”或“中秋”为主题，设计创意鸡尾酒，员工可以参与调制和品尝。

……

这组提示词极具启发性，巧妙激发了DeepSeek对中秋节团建活动的创意探索。它不仅引导人们深入思考传统节日与现代团建的融合，还鼓励开放思维，寻求更多新颖有趣的活动方案。这种提问方式促进了创意碰撞，为人们策划独特、有意义的团建活动提供了宝贵灵感，展现了积极寻求创新与多样性的良好导向。

3.2.4 提供多个选项，引导选择

扫码看教学视频

当用户想让DeepSeek生成更具有针对性的回复时，可以提供多个选项进行提问，类似于让AI做选择题，AI会选择某选项，并给出答案的解析，相关案例如下。

提示词

我想通过写作提升职场实力，但我的文笔和积累量都不是很好，而且我对写作有敬畏感。请从以下写作类型中选出适合我的一种，并说明原因。
写作类型有：1.小红书文案；2.短视频文案；3.公众号文案；4.办公类文案

DeepSeek

根据你的情况，我推荐你从办公类文案开始练习写作，原因如下。

1. 与职场直接相关：办公类文案包括邮件、报告、总结、会议纪要等，这些都是职场中常见的写作形式。通过练习这些文案，你可以直接提升职场中的沟通和表达能力，对工作有实际的帮助。

2. 难度适中：办公类文案通常不需要过于华丽的文笔，重点在于逻辑清晰、表达准确。这适合你目前文笔和积累量不足的情况，能够帮助你逐步建立写作信心。

3. 减少敬畏感：办公类文案的写作目的明确，格式相对固定，不像创意类文案那样需要大量的灵感和创意。这种结构化的写作方式可以降低你对写作的敬畏感，让你更容易上手。

4. 积累职场经验：通过写作办公类文案，你可以更好地理解和总结工作中的经验和问题，提升自己的职场思维和解决问题的能力。

当然，如果你对创意类文案感兴趣，也可以在掌握办公类文案的基础上，逐步尝试其他类型的写作，如小红书文案或短视频文案。但办公类文案是一个更稳妥的起点，能够帮助你在职场中快速看到写作带来的实际效果。

这个提示词清晰明确，目标导向强，既表达了自己对提升职场实力的需求，又坦诚了自己的写作短板和敬畏感，展现了真诚的态度。同时，提供了具体的写作类型选项，便于AI提供有针对性的建议，结构合理，逻辑清晰，便于生成有效的回答。

3.2.5 设置约束条件，固定形式

扫码看教学视频

设置约束性条件提问主要是针对一些有模板、风格、框架等固定形式的文案。当用户有这类文案需求时，可以用设置约束性条件的方式向DeepSeek提问，从而获得更加精准的内容，相关案例如下。

提示词

我是XX公司教育培训部文员，今天是2025年10月20日，由于公司新增设了创意文案编辑部，公司领导邀请了专业的文案培训师，为该部门员工进行专业文案技能培训，培训时间为2025年11月1日至5日，为期5天，特邀该部门员工积极参与培训，请根据我提供的信息，按以下模板写一份邀请函给该部门的同事，内容简洁明了。

邀请函

亲爱的XX伙伴：

感谢您一直以来为公司的各项工作所做出的巨大努力与支持，按照公司上级领导的指示，创意文案编辑部将于近期开展XX相关主题培训讲座，特邀XX参加，培训时间：XX年XX月XX日至XX日，培训地点：XX酒店XX厅，感谢XX，祝：XX！

XX公司

XXXX年X月X日

DeepSeek

邀请函

亲爱的创意文案编辑部伙伴：

感谢您一直以来为公司的各项工作所做出的巨大努力与支持！按照公司上级领导的指示，创意文案编辑部将于近期开展专业文案技能培训讲座，特邀您参加。

培训时间：2025年11月1日至5日

培训地点：XX酒店XX厅

期待您的积极参与，共同提升专业技能！

祝工作顺利，收获满满！

XX公司

2025年10月20日

这个提示词结构清晰，信息全面，便于DeepSeek快速生成规范的邀请函。它明确了发件人的身份、时间、背景、培训目的、对象及时间安排，确保了内容的准确性和针对性。模板格式简洁，易于填充，且保持了正式、礼貌的语气，适合公司内部沟通使用。

第4章

爆款文案：DeepSeek 打造吸睛之作

DeepSeek是一款基于人工智能的文案生成工具，能够快速生成高质量文案，支持多种语言风格，极大地提高了写作效率。DeepSeek不仅可以自动推荐热点和相关信息，还能在几秒钟内生成完整的文案，节省时间。本章将为大家介绍使用DeepSeek打造爆款文案的技巧。

4.1 标题文案的AI写作技巧

标题文案之于文案，相当于服装之于人的形象，都起着给人留下第一印象的作用。因此，用户若想要通过文案迅速吸引受众的眼球，那么可以好好打造标题文案，运用DeepSeek生成标题文案是不错的选择。本节将为大家介绍用DeepSeek生成标题文案的技巧。

4.1.1 优化标题关键词，吸引眼球

扫码看教学视频

由于DeepSeek是对话聊天形式的AI模型，因此要获得有效的回复需要与其建立起清晰、交互的沟通，通过DeepSeek获得标题文案也是如此。在要求DeepSeek生成标题文案之前，可以先了解一些能够使DeepSeek理解的关键词编写原则，如图4-1所示。

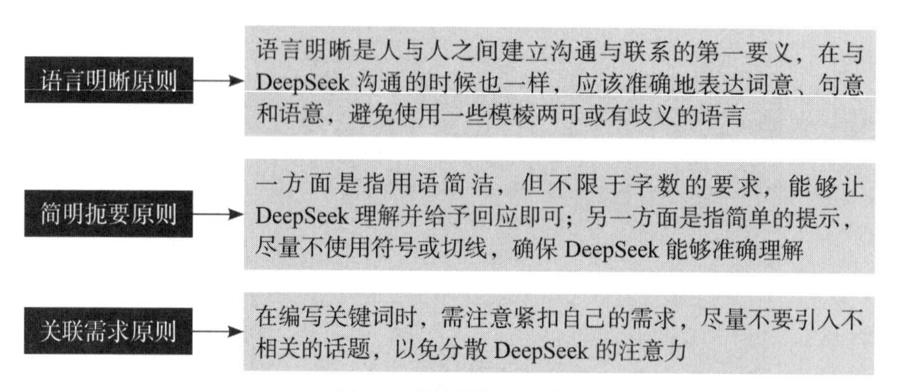

图4-1 关键词编写原则

掌握关键词的编写原则可以让大家对标题文案的关键词有明确的定位，接下来可以通过下面的内容掌握编写关键词的技巧。

1. 明确目的

用户在向DeepSeek提问之前，或者在编写关键词之前，需要先明确自己的目的是什么，清楚地知道自己想要DeepSeek为自己提供什么，是提供咨询、寻求解决方法还是随意交谈？如果想要DeepSeek提供标题文案，那么“提供标题文案”则是编写关键词的目的。

2. 具体描述

在明确了目的之后，可以围绕目的进行具体的语言描述，以确保DeepSeek能够理解并给予回应。例如，在明确了目的是让DeepSeek“提供标题文案”之后，再添加具体的描述“给我10个有关摄影领域的短视频标题文案”，相关案例如下。

提示词

给我10个有关摄影领域的短视频标题文案。

DeepSeek

10个摄影领域短视频标题文案如下。
1. 悬念式标题（引发好奇）
手机也能拍大片？一招教你解锁隐藏摄影功能！
你绝对想不到，这个摄影技巧让我的照片点赞翻倍！
摄影师不会告诉你的秘密：如何用光影打造电影感画面？
2. 数字式标题（直观清晰）
5个构图技巧，让你的照片瞬间提升一个档次！
3分钟学会夜景拍摄，从此告别模糊和噪点！
……

3. 善于引导

在与DeepSeek对话时，对于有意义的话题，可以适当引导或鼓励DeepSeek提供更深入的信息或深入研究某个主题。

4. 把握对话走向

用户在与DeepSeek对话的过程中，需要把控对话的方向，根据对话的内容进行实时调整，以保证话题不偏离。如果对话偏离主题，用户可以通过增加关键词或重新提问将对话引导至正轨上，可以多用一些引导句式，如“那么……怎么做呢？”“具体是什么呢？”等。

5. 注意语气

为确保沟通顺利进行，用户在与DeepSeek对话时，应使用专业性、尊重的语气，尽量不要使用过于随意或带有冒犯性的语言和语气。

通过提供清晰的提示词，可以确保DeepSeek生成满足用户需求的高质量内容，减少错误和偏差。当然，要做到这一点，需要注意提示词的准确性和详细性，目标应该清晰明确，涵盖用户希望生成的内容的主题和要点。

4.1.2　生成标题文案，新颖独特

扫码看教学视频

对于标题文案，可以从写作结构上进行划分，包括悬念式、对比式、新闻式、隐喻式、数字式、借势式和观点式等类型。下面介绍悬念式标题文案的生成技巧。

悬念式是一种标题文案写作技巧，具体是指在标题中设置一个问题或挑

战，旨在引起受众的好奇心和兴趣，促使他们阅读文案或观看视频。用户可以在DeepSeek中输入关键词，引导DeepSeek生成悬念式标题文案，相关案例如下。

提示词

请提供10个以小苏打的作用为主题的悬念式标题文案。

DeepSeek

10个小苏打作用悬念式标题文案如下。
1. 厨房小白逆袭神器？一瓶小苏打竟能搞定这些！（突出小苏打的万能性）
2. 还在为清洁烦恼？小苏打的隐藏技能你绝对想不到！（强调小苏打的清洁能力）
3. 美容护肤新宠？小苏打的这些用法你一定要知道！（吸引爱美人士）
4. 冰箱异味、下水道堵塞……小苏打一招解决，太神奇了！（针对具体问题，引发好奇）
……

在提示词中加入具体的标题文案风格，DeepSeek就能生成相应的文案。例如，如果需要新闻式的标题文案，可以输入类似于“写出5个有关苏州美食纪录片的新闻式标题文案”这样的提示词，就能让DeepSeek生成新闻式的标题文案。

4.1.3 打造爆款标题，脱颖而出

扫码看教学视频

标题文案往往是一篇文案或一段视频的“门面”，起到给受众留下第一印象的作用，因此用户在撰写文案和创作短视频时会格外重视标题文案的撰写，致力于打造爆款标题文案。掌握一定的技巧，可以通过DeepSeek快速地打造爆款标题文案。用DeepSeek打造爆款标题的相关案例如下。

提示词

请使用感性词汇，为一个庆祝生日的短视频提供爆款标题文案。

DeepSeek

庆祝生日短视频爆款标题文案（感性版）如下。
1. 愿你眼中永远有光，心中有爱，生日快乐！（温暖祝福）
2. 今天，全世界都在为你庆祝，因为你是独一无二的存在！（突出主角的重要性）
3. 吹灭蜡烛，许下心愿，愿你所有的美好都如约而至！（营造浪漫氛围）
4. 感谢你出现在我的生命里，生日快乐，我最爱的你！（表达爱意）

5. 一岁一礼，一寸欢喜，愿你永远保持热爱，奔赴山海！（文艺祝福）
……

除此之外，用户还可以根据DeepSeek生成的答案，进一步优化关键词，以获得更多爆款标题文案的参考，如输入“我觉得这个‘今天，全世界都在为你庆祝，因为你是独一无二的存在！’文案更能吸引人，请再次生成类似的标题文案”。

4.2　文案结构的 AI 写作技巧

一般情况下，文案的内容会以开头、正文和结尾的常规结构进行布局，方便条理清晰地表达含义。在写作文案内容时，为使文案的整体价值达到最大化，可以拆分各个结构分别进行生成。本节将为大家介绍文案结构的AI写作技巧。

4.2.1　生成文案开头，引人入胜

扫码看教学视频

与标题文案一样，文案的开头也具有吸引受众观看兴趣的作用，好的标题文案影响着受众对是否观看文案或视频做出的判断，而好的文案开头则会影响受众是否能够看完文案或视频，因此用户对文案开头的创作也不能懈怠。

文案开头类型常见的有下面这5种，如图4-2所示。

点明主题型	在开头就直接点明主题的文案策略，即“开篇点题”。这类文案可以借开头引出文章的中心主题，让受众一目了然，并且能够给受众留下深刻的印象
引起共鸣型	是指开头使受众共情、受启发或产生认同感的文案。这类文案通常用比喻、拟人、引用等表现手法来实现，能够吸引受众阅读或观看完全部的内容
引经据典型	是指引用名人名言、文学典籍、典故等作为开头揭示主题的文案。这类文案能够在点明文案主题的同时，增加文案内容的文化底蕴，提升文案水平，使受众眼前一亮
描述热点型	是指在开头说明社会热点事件、话题或元素的文案。这类文案并非都是对热点的阐述，可以借势热点引申出其他的内容，如借势热门电视剧引申出某个现实话题等
创设情境型	是指虚拟场景或提出问题，引起受众产生画面感或进行思考的文案，如“试想一下，我们正经历着 ××（事件），你会 ××（行动）”“你们经历过 ×××（事件）吗”等

图 4-2　文案开头类型

下面以引经据典型文案开头为例进行介绍。运用DeepSeek生成引经据典型文案开头可以在提示词中说明引用什么名句，也可以直接让其生成，不限制引用的内容。用DeepSeek生成文案开头的相关案例如下。

提示词

请引用“知之者不如好之者，好之者不如乐之者”，提供一些适合短视频的文案开头。

DeepSeek

短视频文案开头（引用“知之者不如好之者，好之者不如乐之者”）如下。
1. 你知道吗？（画面：某人正在专注地做一件事）
“知之者不如好之者，好之者不如乐之者。”（字幕：引用名言）
真正的高手，都是把热爱变成习惯的人！（画面：展示某人享受做这件事的过程）
2. 还在为学习/工作/生活烦恼吗？（画面：某人愁眉苦脸）
记住孔子说的：“知之者不如好之者，好之者不如乐之者。”（字幕：引用名言）
找到你的热爱，并享受其中，你会发现一切都不一样！（画面：某人找到热爱的事情，并乐在其中）
……

在文案的开头，通过引用经典和权威，为文案增添了分量和可信度，有助于吸引受众的注意力并引导他们继续阅读。在实际应用中，应根据文案主题和目标受众选择合适的引用内容。

4.2.2　布局内容结构，清晰合理

扫码看教学视频

为了达到引人入胜的目的，文案的内容布局有多种安排方式，包括悬疑型、平行型、层进型、“总—分—总”型等，如图4-3所示，这些不同方式的内容布局都可以在DeepSeek中生成答案，只需提供恰当的提示词即可。

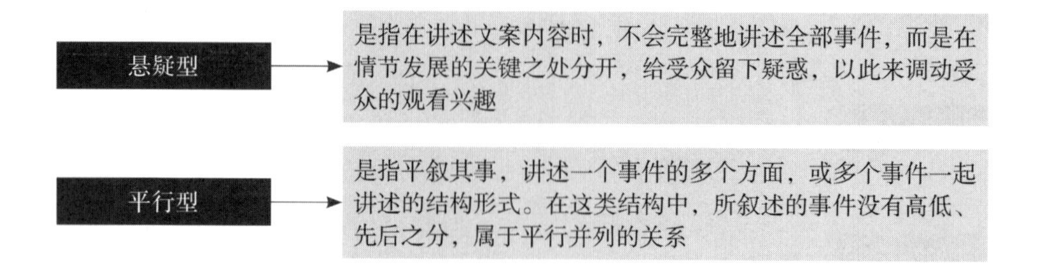

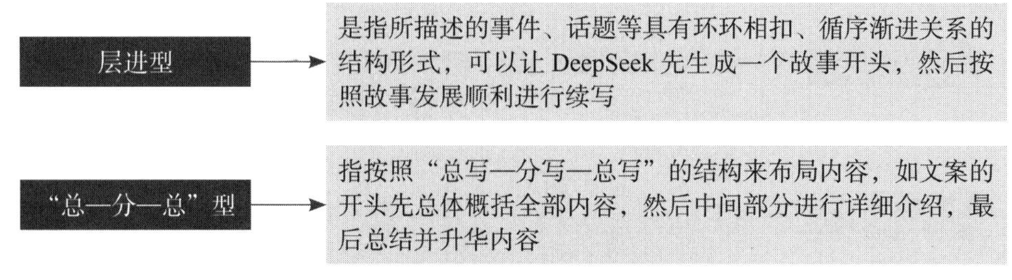

图 4-3　文案内容布局的安排方式

下面以悬疑型文案内容布局为例进行介绍。在DeepSeek中生成悬疑型内容布局，可以先提供一个实例，然后让其模仿实例来生成答案，相关案例如下。

提示词

请模仿悬疑型文章的写法，提供一篇关于手机新品发布的文案，字数在200字以内。

DeepSeek

谁将颠覆未来?

科技圈暗流涌动，一则神秘代码悄然流传，预示着新一代智能手机即将横空出世。传闻，它将突破物理极限，搭载前所未见的黑科技。

是折叠屏的终极进化，还是全息投影的首次商用？是AI芯片的再次突破，还是电池技术的革命性创新?

官方三缄其口，只留下一句耐人寻味的标语：“未来，触手可及。”

业内人士猜测纷纷，科技爱好者翘首以盼。这款神秘的新品，究竟是颠覆行业的革命者，还是昙花一现的噱头?

答案，即将揭晓……

通过输入相应的提示词，就能指导DeepSeek生成悬疑型文案。悬疑型文案能够有效吸引受众的注意力，引导他们深入了解产品或信息，并最终促使他们采取行动。这是非常受欢迎的一种文案结构。

4.2.3　生成文案结尾，余韵悠长

扫码看教学视频

文案的结尾发挥着总结与强调观点、呼吁受众采取行动、给受众留下深刻印象和引导受众深入思考的作用。好的结尾能够增强文案的吸引力和影响力，因此用户有必要重视文案结尾的创作。

常见的文案结尾有以下4种类型，如图4-4所示。

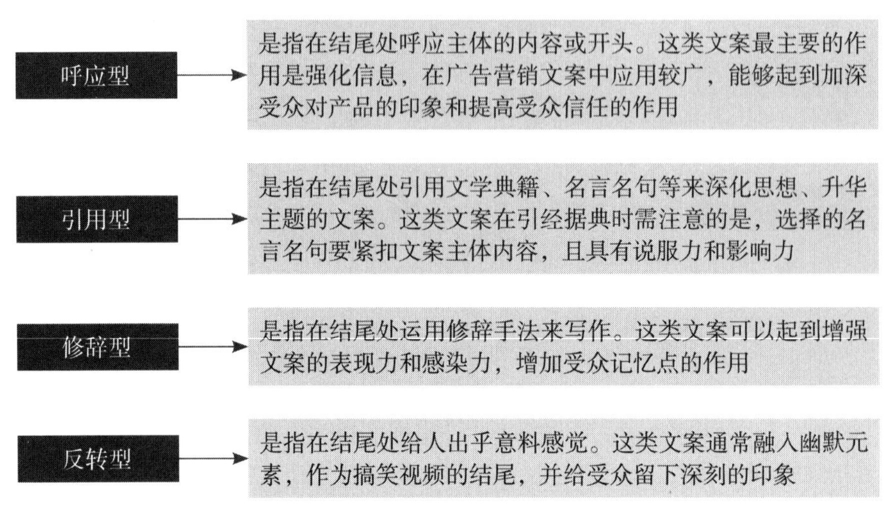

图 4-4　文案结尾的类型

例如，可以让DeepSeek生成一个幽默故事的脚本，接着让DeepSeek优化这个脚本，如输入“这个故事的结局，要求出人意料”提示词，相关案例如下。

提示词

提供一个幽默故事的脚本，带有故事情节，300字以内，要求这个故事的结局出人意料。

DeepSeek

《最佳员工》

场景：办公室，老板正在给员工颁发“最佳员工”奖。

老板（热情洋溢）：“今年的‘最佳员工’奖，颁给——小王！他全年无迟到早退，工作认真负责，业绩突出！”

同事们（鼓掌）：“恭喜恭喜！”

小王（激动）：“谢谢老板！谢谢大家！其实……我有个秘密要坦白。”

老板（惊讶）：“哦？什么秘密？”

小王（不好意思）：“其实……我是个机器人。”

同事们（震惊）：“什么？！”

……

如果用户对故事的结局不是很满意，还可以继续输入“这个结尾不够新颖，反转力度还不够，请继续生成”提示词，让DeepSeek优化文案内容。

4.3 多场景文案的AI写作技巧

文案作为一种沟通工具，广泛应用于广告、营销、品牌宣传、社交媒体、内容创作等多个领域。根据其目的、风格和呈现形式的不同，文案可以被分为多种类型。本节将为大家介绍多场景文案的AI写作技巧，主要有电商文案、新媒体文案、短视频文案、直播类文案和学术类文案，帮助大家解决文案写作问题。

4.3.1 生成电商类文案，促进销售

扫码看教学视频

电商类文案是常见的文案类型，主要是指在文案中将产品的卖点给呈现出来。电商类文案分为主图文案、详情页文案、品牌文案、销售文案、商品海报文案等多种类型，如图4-5所示。

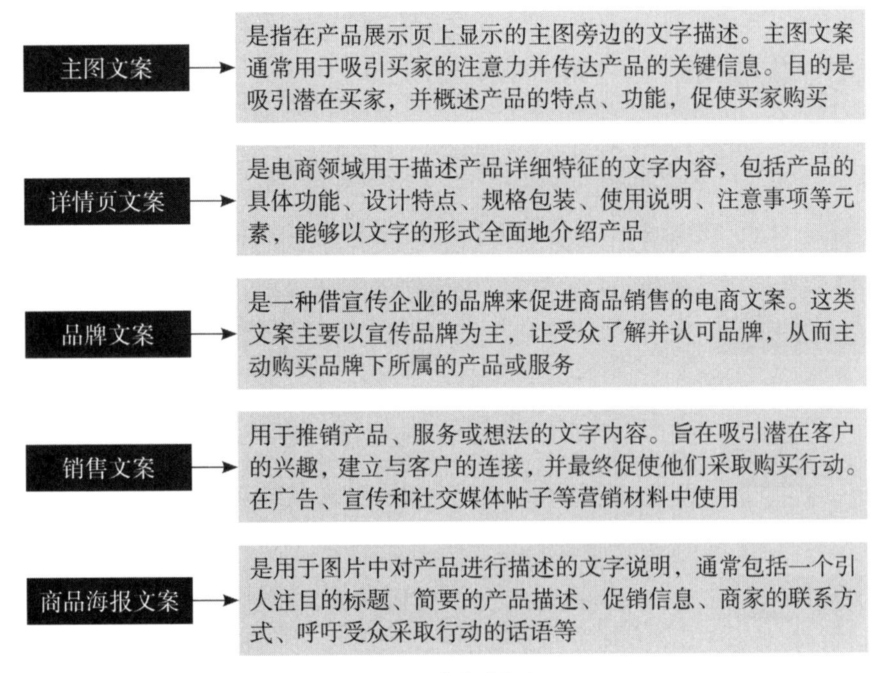

图4-5 电商类文案

例如，在使用DeepSeek生成主图文案时，可以根据受众的需求，生成相应的文案，让文案更有吸引力，相关案例如下。

提示词

请根据年轻人对洗发水产品的需求和喜好，提炼出修护型洗发水的亮点和优势，撰写一段修护型洗发水的电商主图文案，要求语言精简、突出产品亮点。

DeepSeek

修护型洗发水电商主图文案
标题：告别毛躁，焕发柔顺光彩！
正文：
深层修护：深入滋养发丝，修复受损发质，告别干枯毛躁。
轻盈柔顺：轻盈配方，清爽不油腻，打造顺滑易打理的秀发。
持久锁色：特别添加锁色因子，呵护染后发色，延长发色持久度。
天然成分：萃取植物精华，温和呵护头皮，适合每日使用。
……

在生成电商文案的时候，在提示词中除了加入需求、受众，还可以指定身份，如输入“你是创业者，打算创建一个专门销售美妆产品的品牌，生成你的品牌信息”这类提示词，从而让DeepSeek生成更贴合需求和精准的电商文案。

4.3.2 生成新媒体文案，吸粉引流

扫码看教学视频

新媒体文案是指用于新媒体平台上推广、营销或传播的文字内容。这类文案是一种常见的广告形式，应互联网和数字传媒技术的发展而产生，且应用越来越广泛。下面介绍常见的新媒体文案类型，如图4-6所示。

公众号文案 → 是指发布于微信公众平台上的软文，带有文章的结构和作用，发挥着营销推广、价值传递、行动引导等作用。这类文案最主要的特征是富有互动性，增强受众的黏性

小红书文案 → 是指发布于小红书平台上的文字内容。在小红书平台上，用户可以以图文或视频的形式来分享或记录，因此小红书文案在新媒体文案中占有重要的地位

头条号文案 → 是发布于今日头条平台上的文字内容。头条号文案的内容主要以新闻资讯为主，但其他符合《今日头条社区规范》，且主题鲜明、逻辑严谨或图文并茂的内容也可以发布

微博文案 → 是指发布于微博平台的文字内容。微博是一个用户实时分享信息、传播话题、讨论与交流的社交媒体，能够满足用户关注实时资讯、即时分享、交友互动的需求

行业软文 → 是指围绕不同行业的产品或服务进行宣传推广、信息分享等的文字内容。常见的行业软文有汽车类软文、数码类软文、房产类软文、旅游类软文等

图 4-6　新媒体文案类型

例如，在生成行业软文时，首先需要选择合适的媒体进行发布，不同的媒体受众不同，且有不同的语言风格和排版需求；其次是尽量使用简洁、有说服力的语言，能起到好的宣传效果；再次是定期更新产品的宣传资料，让受众了解最新的动态。用DeepSeek生成新媒体文案的相关案例如下。

提示词

请以软文的写法写一篇200字的文章，主题为“小众的旅游景点推荐”，内容包括：有吸引力的标题、推荐的小众景点和推荐的原因，结尾与用户有互动，文案发布平台为小红书。

DeepSeek

标题：探秘小众秘境！这些绝美景点99%的人都不知道！

厌倦了人山人海的网红打卡地？今天给大家推荐几个超小众的旅游景点，绝对让你眼前一亮！

1 云南·雨崩村：藏在梅里雪山脚下的隐世村落，徒步爱好者的天堂！清晨推开窗就能看到日照金山，仿佛置身仙境。

2. 浙江·枸杞岛：被称为“东方小希腊”，蓝白相间的渔村、清澈的海水，这景色随手一拍就是大片！

3. 甘肃·扎尕那：藏在甘南的世外桃源，雪山、草原、藏寨交相辉映，让人仿佛走进了一幅油画。

……

在生成新媒体文案的时候，最好在提示词中输入文案发布平台，这样DeepSeek就能根据平台的特性，生成相应格式的文案，省去了编辑格式和排版的步骤。

4.3.3 生成短视频文案，火爆全网

扫码看教学视频

短视频文案是指在短视频平台上发布的视频描述或文字说明，其包括短视频标题文案和分镜头脚本文案两大类，通常具有简洁、有趣、引人入胜等写作特点。常见的短视频文案类型如图4-7所示。

例如，为DeepSeek设定身份，可以让其根据身份属性完成任务，如输入相应的定位、目的、主体、场景、要素、时长、细节、补充要求等提示词，就能使DeepSeek快速生成一篇短视频分镜头脚本文案，它还能自动生成表格脚本，相关案例如下。

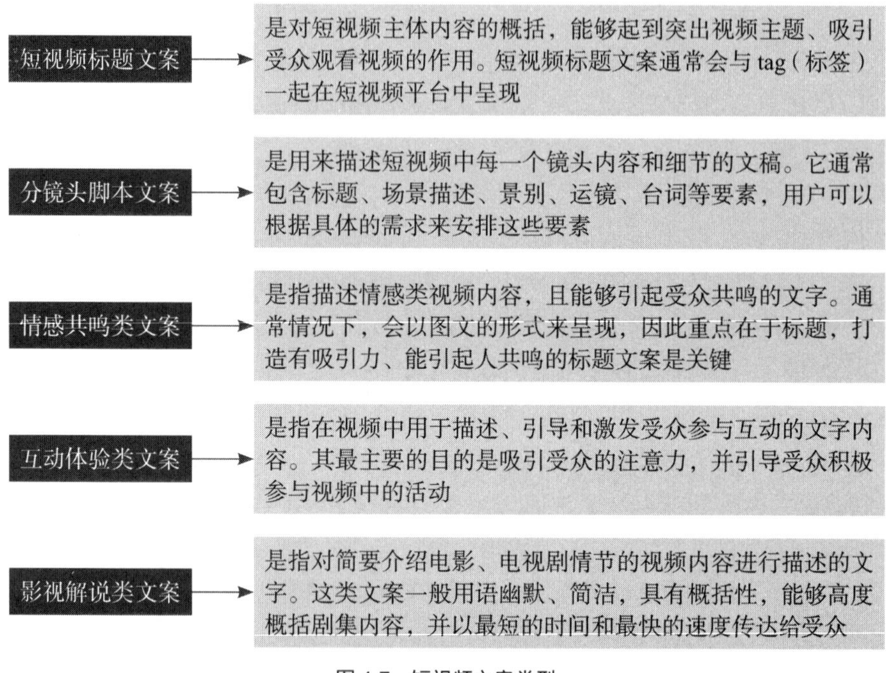

图 4-7　短视频文案类型

提示词

你是一名专业的搞笑类短剧博主，正在写一个关于校园趣事的脚本，场景发生在大学教室里面，脚本中需包括当下短视频的热门元素，开篇5秒迅速吸引人的眼球，中间有反转，结尾有惊喜，文案侧重于情绪表达。脚本用表格的形式呈现以下内容：分镜序号、景别（中、近、远、特写等镜头）、画面描述、对话台词（包括人物对话时的动作、语言、神态等，越详细越好）、背景音乐（给出具体的歌曲名称）。

DeepSeek

分镜序号	景别	画面描述	对话台词	背景音乐
1	特写	一支粉笔在黑板上飞速书写，发出刺耳的“吱吱”声。	无	无
2	近景	教授背对着学生，有条不紊地讲解高数题。	教授：“同学们，这道题的关键是……”	无
3	中景	学生们一脸茫然，有的打哈欠，有的玩手机。	学生A（小声）：“这题谁会啊……”	无
4	特写	一部手机屏幕亮起，显示“外卖已到达”。	无	无

分镜序号	景别	画面描述	对话台词	背景音乐
5	近景	学生B偷偷摸摸地站起身，准备溜出去拿外卖。	学生B（心虚）："我去个厕所……"	无
6	中景	教授突然转身，目光如炬地盯着学生B。	教授："这位同学，你要去哪？"	紧张的音乐
7	特写	学生B僵在原地，额头冒汗。	学生B（结巴）："我……我……"	无
8	近景	教授走近学生B，露出神秘的微笑。	教授："你是不是……也饿了？"	无

……

由此可以看出，DeepSeek生成的分镜头脚本文案要素都很齐全，也满足了人们提出的各项要求。

4.3.4　生成直播类文案，活跃气氛

扫码看教学视频

直播类文案是指在直播中需要用到的文字内容，包括直播脚本文案、直播标题文案、直播封面文案、直播预热文案、直播热评文案和直播金句等。下面以直播预热文案为例，进行相应的介绍。

直播预热文案是指在直播活动开始之前对直播进行宣传、推广的文字内容。这类文案有两大呈现方法，一是在将要直播的平台上进行内容发布；二是在将要直播的平台之外的平台上进行内容发布，不同的呈现方式决定着直播预热文案的语言风格。

一般来说，抖音平台无论是否作为将要直播的平台，都会成为直播预热文案的主要呈现选择之一。因此，直播预热文案的语言风格多带有抖音平台文案的特点。用DeepSeek生成直播预热文案的相关案例如下。

提示词

我要在抖音上开展一个以摄影书分享为主题的直播活动，请帮我生成一些直播活动宣传文案，进行直播预热。

DeepSeek

抖音直播活动宣传文案（摄影书分享主题）

1. 直击灵魂的视觉盛宴！

摄影书分享直播，带你领略大师镜头下的世界！
[直播时间]
[直播间链接]
#摄影 #艺术 #审美提升
2. 翻开一本摄影书，打开一个新世界！
资深摄影师带你解读经典摄影集，揭秘创作背后的故事！
[直播时间]
[直播间链接]
#摄影 #艺术 #灵感
……

在生成其他类型的直播文案时，可以在提示词中加入相应的关键词，如“直播封面文案”“直播热评文案”“直播金句”等，让DeepSeek精准生成。

4.3.5 生成学术类文案，专业严谨

扫码看教学视频

学术类文案是指学术研究或办公事务方面的文字内容。运用DeepSeek，用户可以生成论文大纲、进行论文降重、制作学习笔记、进行专业解惑、制作个人简历、撰写商业计划书和创建思维导图等，这可以极大地提高人们学习和工作的效率。

下面以专业解惑为例，介绍用DeepSeek生成学术类文案的操作方法。基于DeepSeek强大的信息数据库，DeepSeek可以为用户提供不同领域的专业知识。用户可以把DeepSeek当作一个老师或学者，向其发起询问，DeepSeek会给出比较客观、专业的回复，相关案例如下。

提示词

详细说明量子纠缠在生活中的应用。

DeepSeek

量子纠缠是量子力学中的一种现象，指两个或多个粒子在某种方式下相互关联，即使相隔遥远，一个粒子的状态变化也会立即影响另一个粒子的状态。尽管量子纠缠主要应用于前沿科学领域，但它也逐渐在日常生活和未来技术中展现出潜力。以下是量子纠缠在生活中的一些应用。
1. 量子通信
量子纠缠在通信领域有重要应用，尤其是在量子密钥分发（QKD）中。通过量子纠缠，通信双方可以生成一个无法被破解的密钥，确保信息传输的绝对安全。即使有人试图窃听，量子态的坍缩也会立即暴露其行为。

- 应用场景：政府、军事、金融等领域的高安全性通信。
- 实例：中国的“墨子号”量子卫星利用量子纠缠实现了全球范围内的量子通信实验。

2. 量子计算

量子纠缠是量子计算机的核心资源之一。量子计算机利用纠缠态进行并行计算，能够解决经典计算机难以处理的问题，如大数分解、复杂分子模拟等。

- 应用场景：药物研发、材料科学、人工智能优化等。
- 实例：谷歌的量子计算机“Sycamore”利用量子纠缠实现了“量子优越性”，完成了经典计算机无法在合理时间内完成的任务。

……

为了得到最新的数据或者知识，可以开启DeepSeek的“联网搜索”功能。DeepSeek凭借其利用最新在线数据的能力，不仅提高了答复的精确度，还确保了信息的新鲜度和相关性。这使得DeepSeek在众多信息查询工具中脱颖而出，成为用户信赖的智能助手。

第5章

文本润色：DeepSeek 让文字熠熠生辉

除了满足用户创作文案的需求，DeepSeek还可以帮助用户检查、修改和润色已经写好的文案，让文案的内容更具有吸引力和说服力，从而充分发挥文案的作用。本章将详细介绍如何利用DeepSeek进行语法检查、文案润色，帮助用户提升文案的专业性和吸引力。

5.1 使用 DeepSeek 修改文案

DeepSeek可以作为检查小助手，帮助用户检查文案的语法和拼写、案例的真实性、重复内容以及情感表达。除了对文案内容进行检查，用户还可以让DeepSeek指出文案中存在的问题，并提供自己的要求，让它根据需求改写文案。

本节主要向大家介绍使用DeepSeek检查、修改文案的相关技巧，帮助大家优化文案内容。

5.1.1 检查语法拼写，杜绝差错

扫码看教学视频

语法错误和拼写错误是文案中经常出现的问题，这些错误可能会让受众对文案内容产生误解，降低文案的质量，削弱文案的专业性和可读性。用户可以让DeepSeek对提供的文案内容进行检查，找出存在的语法和拼写错误，并提供修改建议，杜绝差错，相关案例如下。

提示词

请帮我检查以下文案内容的语法和拼写，列出存在的错误，并提供修改建议。
文案：如果我需要写一篇文章、只是我需要先收集素材。

DeepSeek

文案中存在以下语法和拼写问题。
1. 标点符号使用不当：句子中间的顿号（、）应改为逗号（，）。
2. 句子结构不完整：句子缺少连接词，导致语义不连贯。
修改建议：
原句：如果我需要写一篇文章、只是我需要先收集素材。
修改后：如果我需要写一篇文章，我需要先收集素材。

通过这种方式，用户可以确保文案的基础语法和拼写符合标准，避免低级错误影响文案的质量。

5.1.2 检查案例真实性，专业可靠

扫码看教学视频

在创作文案的过程中，用户可能会通过添加案例来增加文案的专业性和可靠性。此时，用户可以借助DeepSeek庞大的信息资源库对案例的真实性进行检查，相关案例如下。

提示词

请帮我检查以下内容中案例的真实性，并指出有误的地方。
文案：例如，在爱因斯坦的一生中，他被广泛认为是理论物理学的巨擘，他的相对论理论彻底改变了人类对宇宙的认知。然而，鲜为人知的是，在他的晚年，他竟然陷入了一场关于“永动机”的狂热研究中。
爱因斯坦在20世纪40年代后期，突然对永动机产生了浓厚的兴趣。他坚信，通过某种尚未被发现的物理原理，可以制造出一种能够无限运转而不需要外部能量输入的机器。这一想法在当时的科学界引起了巨大的轰动，因为永动机的概念违反了能量守恒定律，这是自19世纪以来物理学的基本定律之一。
据说，爱因斯坦花费了大量的时间和精力，试图设计并制造出这样的永动机。他甚至在普林斯顿高等研究院的实验室里搭建了一个庞大的实验装置，试图通过精密的仪器和复杂的机械结构来验证他的理论。然而，无论他如何努力，他的实验总是以失败告终。

DeepSeek

文案中关于爱因斯坦晚年研究“永动机”的描述存在严重错误，以下是具体分析。
1. 爱因斯坦与永动机的关系
爱因斯坦从未研究过永动机，也没有任何历史记录表明他对永动机产生过兴趣。相反，爱因斯坦是能量守恒定律和热力学定律的坚定支持者。他深知永动机违反了物理学的基本原理，尤其是热力学第一定律（能量守恒）和第二定律（熵增原理）。因此，文案中关于爱因斯坦晚年研究永动机的说法是完全不真实的。
2. 永动机的科学背景
永动机的概念在科学界早已被彻底否定。自19世纪以来，科学家们普遍认为永动机是不可能实现的，因为它违背了基本的物理定律。爱因斯坦作为20世纪最伟大的物理学家之一，不可能对这种已经被科学界否定的概念产生兴趣。
3. 爱因斯坦晚年的研究重点
爱因斯坦晚年的研究主要集中在统一场论上，试图将引力与电磁力统一起来。
……

用户要避免使用虚构或有误的案例，否则会降低文案的可信度和说服力，严重的还会违反相关法律法规。

5.1.3 检查重复内容，避免单调

扫码看教学视频

重复的内容会让文案显得单调、乏味，降低其对受众的吸引力和包含的信息量，从而影响文案的传播。而运用DeepSeek，用户可以检查出文案中重复的字词、句子和段落，从而对文案进行修改，相关案例如下。

提示词

请帮我检查以下文案中是否存在重复的内容，如果有，请指出来，并提供修改建议。
文案：夏日炎炎，碎花裙舞动街头，轻盈飘逸，如同花海中的精灵。裙摆随风翻飞，摇曳着夏日的旋律，每一朵碎花都是夏日的诗篇。唯美的色彩，明艳的花纹，却展现出不同的风情，如同夏日的阳光，热烈而多变，如同花海中的精灵，轻盈飘逸。穿上碎花裙，仿佛置身于花海之中，与夏日共舞，感受那份独特的浪漫与热情。

DeepSeek

文案中存在重复的内容，主要集中在“轻盈飘逸”和“如同花海中的精灵”这两个描述上。以下是具体的重复部分及修改建议。
重复内容
1.“轻盈飘逸”：在文案中出现了两次，分别在第一句和倒数第二句。
2.“如同花海中的精灵”：在文案中出现了两次，分别在第一句和倒数第二句。
修改建议
为了避免重复，可以尝试用不同的表达方式来描述相似的意思。以下是修改后的文案：
夏日炎炎，碎花裙舞动街头，轻盈飘逸，如同花海中的精灵。裙摆随风翻飞，摇曳着夏日的旋律，每一朵碎花都是夏日的诗篇。唯美的色彩，明艳的花纹，却展现出不同的风情，如同夏日的阳光，热烈而多变，仿佛花海中的仙子，灵动而优雅。穿上碎花裙，仿佛置身于花海之中，与夏日共舞，感受那份独特的浪漫与热情。
……

通过清理文案中的重复内容，用户能够让文案更加简洁、清晰，确保信息传递的高效性。

5.1.4 检查情感表达，增强共鸣

扫码看教学视频

在文案的情感表达上，常常会出现两个问题，一个是不准确，另一个是不到位。错误的情感表达容易导致误解，从而影响文案主题的表达，甚至可能会产生争论。而不到位的情感表达容易使文案缺乏感染力，很难引起受众的情感共鸣，从而难以实现文案的目标。用DeepSeek检查文案情感表达的相关案例如下。

提示词

请帮我检查以下产品营销文案中的情感表达是否准确、到位，如果有误，请先指出存在的问题，再提供相应的修改意见。
文案：全新充电宝，高效充电，安全可靠。大容量设计，持久续航，满足您的日常需求。轻便易携带，兼容多种设备，随时随地为您的设备提供稳定电力。选择它，享受无

忧充电体验，让生活更加便捷高效。

DeepSeek

问题分析

1. 情感表达较为平淡：文案虽然清晰地传达了产品的功能特点（如高效充电、大容量、轻便易携带等），但整体情感表达较为理性，缺乏与用户产生情感共鸣的深度。文案更多的是陈述事实，而没有激发用户的情感需求或购买欲望。

2. 缺乏情感驱动：文案没有突出用户在使用产品时可能获得的情感体验，例如“无忧充电体验”虽然提到了“无忧”，但表达过于笼统，没有具体化或强化这种情感。

3. 语言风格偏中性：文案的语言风格偏向功能性描述，缺乏感染力，未能通过情感化的语言让用户感受到产品的独特价值。

修改建议

为了增强文案的情感表达，可以从以下几个方面进行调整。

1. 增加情感共鸣点：通过描述用户使用产品时的场景和感受，激发用户的情感需求。

……

DeepSeek作为一个语言模型，虽然不能完全理解人类的情感，但还是可以检查出文案中比较明显的情感表达错误的。

5.1.5 调整文案观点，明确立场

扫码看教学视频

当用户想通过文案来传达自己的观点时，要注意观点的正确性和客观性。所谓正确性，指的是观点是否符合客观事实、法律法规，例如“赤道地区比南极地区冷”就是一个错误观点；而客观性指的是观点是否存在主观武断、片面极端的情况，例如用户由于自己看手机影响了学习，就认为“看手机只有坏处没有好处”，这个观点就是主观、片面的。当用户意识到文案观点不正确或过于主观时，可以借助DeepSeek对观点进行调整和补充，相关案例如下。

提示词

以下文案中的观点有些片面，请帮我进行调整和补充，将文案进行改写，要求：从正反两个角度进行阐述，客观、有理有据。

文案：所有的社交媒体都是浪费时间和精力的，人们应该完全避免使用它们。首先，这些以娱乐为导向的社交媒体平台，对我们的生活产生了显著的负面影响。在当下社会，手机普及率极高，聚会上人们往往沉浸于各自的社交媒体中，忽略了面对面的交流，从而导致人际关系的疏离。对孩子们而言，一旦沉迷于手机上的社交媒体，他们可能会丧失对学习的专注，进而对学业成绩产生不良影响。

DeepSeek

社交媒体作为现代信息传播的重要工具，其影响具有双面性，不能简单地以“浪费时间”一概而论。从积极的角度来看，社交媒体为人们提供了便捷的沟通渠道，打破了地域限制，使信息传播更加高效。它不仅是维系人际关系的重要纽带，也为个人发展、商业推广和社会动员提供了广阔平台。许多专业人士通过社交媒体建立人脉网络，获取行业资讯；企业利用社交媒体进行品牌推广和客户服务；社会公益活动也借助社交媒体的传播力获得广泛关注和支持。

然而，过度依赖社交媒体确实会带来一系列负面影响。

首先，过度使用可能导致时间管理失衡，影响工作和学习效率。

……

每个人都可以有自己的想法，但当用户以文案的形式将自己的观点进行输出时，就必须确保文案观点是正确和客观的，否则容易向受众传递错误认知，从而造成负面影响。

5.1.6　切换叙述视角，丰富内容

扫码看教学视频

常见的叙述视角包括第一人称视角、第二人称视角、第三人称视角和全知视角等。用户可以根据文案的用途，让DeepSeek切换文案的叙述视角，相关案例如下。

提示词

请用第一人称视角对以下文案进行改写，要求：用分享人的口吻来叙述，分享自己的使用体验。

文案：YY睡眠面膜蕴含天然植物精华，质地轻盈易吸收。睡前一抹，深层滋养，锁住肌肤水分，唤醒肌肤活力。让肌肤在睡梦中焕发自然光彩，醒来即见水润透亮！

DeepSeek

作为一个经常熬夜的上班族，我最近真的被YY睡眠面膜惊艳到了！第一次使用时，我就爱上了它轻盈的质地，轻轻一抹就能被肌肤快速吸收，完全不会有黏腻感。睡前涂上薄薄的一层，第二天醒来照镜子时，真的被自己的皮肤状态惊喜到了——肌肤水润饱满，透着自然的光泽，连平时最容易干燥的脸颊都变得柔软细腻。

……

选择合适的叙述视角，可以让受众更好地理解文案包含的信息，最大限度地发挥文案的作用。

5.1.7 精简文案内容，突出信息

扫码看教学视频

对文案内容进行精简可以提高文案的可读性和专业性，使信息更为突出和清晰。运用DeepSeek，用户可以轻松有效地完成文案内容的精简，相关案例如下。

提示词

请帮我对以下文案进行精简，要求：保留文案的主题思想，语句通顺。
文案：
杨梅盛宴，夏日里的酸甜诱惑！
炎炎夏日，你是否正在寻找那一抹清新的酸甜口感？那么，不妨来一场杨梅的味蕾狂欢吧！
口感独特：轻轻咬下一颗杨梅，先是酸甜的汁液在舌尖跳跃，随后果肉在口中释放出饱满的果汁，那种独特的酸甜交织，仿佛在舌尖上跳起了一支欢快的夏日舞曲。每一颗杨梅都是大自然的馈赠，让你在品尝中感受到夏日的清新与甜美。
特点鲜明：杨梅不仅口感绝佳，其外观也颇具特色。红得发紫的外表下，隐藏着诱人的果肉和满满的果汁。它们小巧玲珑，像一颗颗璀璨的宝石，在阳光下熠熠生辉。杨梅的果核小巧易食，让你在享受美味的同时，无须担心果核的困扰。
营养丰富：杨梅不仅美味可口，还富含多种营养成分。它含有丰富的维生素C、膳食纤维以及多种矿物质，如钾、钙、镁等。这些营养成分有助于增强免疫力、促进肠道健康、维持正常血压和心跳等功能。同时，杨梅还具有一定的抗氧化作用，能够抵抗自由基的侵害，延缓衰老。
功效多多：杨梅不仅美味可口，还具有多种功效。它能够帮助消化、增进食欲，对于缓解夏季食欲不振、消化不良等问题具有一定的作用。此外，杨梅还具有解暑生津、止渴除烦的功效，让你在炎炎夏日中感受到一丝清凉。
快来品尝这美味的杨梅吧！让它在你的舌尖上跳跃出夏日的酸甜乐章，为你的夏日生活增添一份清新与甜美！

DeepSeek

杨梅盛宴，夏日酸甜诱惑！
炎炎夏日，寻找一抹清新的酸甜口感？来一场杨梅的味蕾狂欢吧！
口感独特：咬下一颗杨梅，酸甜汁液在舌尖跳跃，果肉释放饱满果汁，酸甜交织，仿佛在舌尖跳起夏日舞曲。每一颗杨梅都是大自然的馈赠，让你感受夏日的清新与甜美。
……

切记，文案并不是字数越多、句式越复杂就越好，太多的文字会让受众产生阅读疲劳，过于烦琐的叙述会让受众难以抓住重点和理解文案信息。

5.1.8　更换案例，提高可信度

扫码看教学视频

在文案中添加案例可以增强文案的专业性和说服力，但是在添加案例时，用户除了需要判断案例的真实性，也要判断案例与文案主题的适配度。如果案例并不能对文案主题起到证明作用，反而会降低文案的可信度，引起受众的质疑。因此，当用户发现案例与主题不匹配时，可以让DeepSeek对案例进行更换，相关案例如下。

提示词

请根据文案的主题，更换不合适的案例，对文案进行改写。要求：文案的主题不变，更换的案例要与主题相匹配，并且案例真实可信。

文案：

在科学领域，女性凭借强大的敏锐力和创造力，以及坚韧的毅力，为行业的发展带来了显著的成绩和新的突破。

例如，李清照，是我国宋代杰出的女词人，被誉为“千古第一才女”，其独特的词风与深厚的艺术造诣在中国文学史上占有举足轻重的地位。她是山东济南章丘人，号易安居士，是婉约词派的代表人物。

DeepSeek

在科学领域，女性凭借强大的敏锐力和创造力，以及坚韧的毅力，为行业的发展带来了显著的成绩和新的突破。

例如，屠XX，是中国著名的药学家，因发现青蒿素治疗疟疾的新疗法而获得2015年诺贝尔生理学或医学奖。她的研究成果不仅拯救了全球数百万人的生命，也为中医药现代化和国际化做出了巨大贡献。屠XX的坚韧不拔和科学精神，激励着无数女性投身于科学研究，推动着科学技术的不断进步。

DeepSeek能够高效地帮助企业或个人进行案例更换工作，通过智能化的分析和推荐，自动生成符合新需求的案例内容。

5.1.9　修改标题文案，吸人眼球

扫码看教学视频

一个好的标题能够吸引受众的注意力，引导他们进一步了解文案的内容，并激发他们的购买欲望或行动意愿。为了提高文案的阅读量和关注度，用户可以让DeepSeek根据已经完成的文案内容对标题进行修改，相关案例如下。

提示词

请根据以下文案内容对标题进行修改，并说明这样修改的好处。要求：精准概括文案内容，简洁明了，能够激发受众的好奇心和购买欲。
标题：夏日必备防晒霜推荐
文案：夏日炎炎，紫外线强烈，防晒必备！推荐这款防晒霜，轻盈不油腻，持久防晒效果好，有效抵御紫外线伤害，保护肌肤免受晒伤、晒黑。轻松涂抹，即刻享受清凉防晒体验，让夏日更安心！

DeepSeek

标题修改建议：
1. “轻薄如羽，防晒无忧！今夏必备防晒神器”
修改理由：
精准概括：突出了防晒霜“轻薄”和“防晒效果好”的核心卖点。
简洁明了：标题简短有力，易于理解和记忆。……

这一方法可以显著提高标题的创作效率，尤其是在撰写广告文案、新闻稿、博客标题等场合中，可以帮助用户快速找到最具吸引力和传播力的标题，有效提升文案的点击率和传播效果。

5.2 使用 DeepSeek 润色文案

文案润色是提升专业形象、改善传达效果、避免歧义和误解的重要工具。使用DeepSeek对文案进行润色，不仅可以提高效率，还能极大地增强文案的表达能力。本节将介绍使用DeepSeek润色文案的方法。

5.2.1 添加过渡语，衔接上下文

扫码看教学视频

过渡语是连接不同段落或句子之间的词语或短语，添加过渡语可以增加文案的连贯性和逻辑性，便于受众更好地理解上下文之间的关系。用户可以让DeepSeek根据上下文的关系添加合适的过渡语，相关案例如下。

提示词

请根据该电商文案的上下文关系，在适当位置添加过渡语，以增加段落和句子之间的流畅度。

文案：夏日防晒新选择，清爽防护两不误！我们的防晒衣采用高科技聚酯纤维，轻盈透气，快干清爽，让您在烈日下依然保持舒适。同时，其优异的抗紫外线性能，可以有效阻隔紫外线伤害，全方位守护您的肌肤。选择我们，让您的夏日出行更加安心！
防晒衣也有细微的缺点，任何产品都难以做到完美，防晒衣在长时间日晒或极端环境下可能会有轻微褪色。但请放心，这并不影响其防护效果。选择我们，细微瑕疵也难掩其高品质的光芒，让您的夏日更加闪耀！

DeepSeek

夏日防晒新选择，清爽防护两不误！我们的防晒衣采用高科技聚酯纤维，轻盈透气，快干清爽，让您在烈日下依然保持舒适。同时，其优异的抗紫外线性能，可以有效阻隔紫外线伤害，全方位守护您的肌肤。选择我们，让您的夏日出行更加安心！
当然，防晒衣也有细微的缺点。毕竟，任何产品都难以做到完美。例如，防晒衣在长时间日晒或极端环境下可能会有轻微褪色。但请放心，这并不影响其防护效果。选择我们，细微瑕疵也难掩其高品质的光芒，让您的夏日更加闪耀！

DeepSeek会根据文案的上下文自动识别段落之间的逻辑关系，推荐合适的过渡语，以增强逻辑清晰度。

5.2.2 提炼段落主题句，突出主旨

扫码看教学视频

主题句是指段落中的核心句，它高度概括了段落的主要观点，可以清楚地表达段落主题。DeepSeek可以根据段落的内容提炼出相应的主题句，相关案例如下。

提示词

请提炼出文案中的主题句，并分析原因。
文案：在创作短视频文案标题时，力求简洁明了，直击观众兴趣点。一个好的标题应能迅速吸引观众的注意力，同时准确传达视频的核心内容。可以使用疑问、悬念、数字、情感共鸣等手法，增加标题的吸引力。此外，注意标题与视频内容的匹配度，避免夸大其词或误导观众。通过精心构思的标题，让你的短视频在众多内容中脱颖而出，吸引更多观众点击观看。

DeepSeek

主题句：在创作短视频文案标题时，力求简洁明了，直击观众兴趣点。
分析原因：
1. 简洁明了：短视频的观众通常浏览速度较快，简洁的标题能迅速抓住他们的注意力。
2. 直击兴趣点：标题需要直接关联观众的兴趣或需求，这样才能激发他们点击的欲望。
……

用DeepSeek提炼主题句能够大大减少人工提炼的时间，使用户在短时间内优化文稿结构。

5.2.3 调整结构方式，层次清晰

扫码看教学视频

一般来说，文案或段落的结构可以分为总—分、分—总和总—分—总这3种结构方式。不同的结构方式有各自的特点，用户可以根据需求让DeepSeek对文案或段落的结构方式进行调整，相关案例如下。

提示词

请将以下文案调整为总—分的结构形式。
文案：学习用AI生成公众号文案的技巧。首先，明确文案的目标和受众，让AI了解你的内容需求和风格。利用AI工具提供的关键词推荐功能，选取与公众号主题相关的词汇，确保文案的针对性和相关性。其次，学习调整AI生成文案的语法和表达方式，使其更符合公众号的语言风格和阅读习惯。同时，关注文案的流畅性和逻辑性，确保内容易于理解和接受。
总结：通过学习上述技巧，公众号运营者可以充分利用AI工具提升文案的效率和质量。借助AI的智能化功能，快速生成符合公众号风格和需求的文案，为公众号运营增添新动力。

DeepSeek

总述
通过学习用AI生成公众号文案的技巧，公众号运营者可以充分利用AI工具提升文案的效率和质量。借助AI的智能化功能，快速生成符合公众号风格和需求的文案，为公众号运营增添新动力。
……

DeepSeek会通过分析文章结构、段落之间的逻辑关系以及信息传达的效果，自动推荐调整方案。

5.2.4 替换不当词汇，用词精准

扫码看教学视频

在文案中使用恰当的词汇可以确保信息传达的准确性，体现用户的文学水平和表达能力。用户可以向DeepSeek提出自己的需求，让它对不恰当的词汇进行替换，相关案例如下。

提示词

请将以下文案中的书面用词替换成口语化词汇。
用AI生成更有趣的公众号文案，关键在于创意引导和情感融入，让内容更富有吸引力，更易

产生共鸣。

DeepSeek

用AI搞出更好玩的公众号文章，重点是要有创意和感情，这样内容才更抓人，大家看了才会有共鸣。

词汇是否恰当需要用户根据文案的性质、受众和作用等因素来进行判断。例如，在比较正式的文案中应该避免使用方言或口语化的词汇，受众为普通人的文案应该避免使用太多的专业词汇。

5.2.5　合并短句型文案，简洁有力

扫码看教学视频

合并短句是指将两个或多个短句合并成一个更长的句子，一般通过使用连接词和标点符号等方法实现。用DeepSeek合并短句型文案的相关案例如下。

提示词

请将以下短句合并成一个句子。
AI生成高质量的文案需要具备语言理解与生成能力。AI生成高质量的文案需要具备内容创意与多样性。AI生成高质量的文案需要具备对目标受众的洞察力。

DeepSeek

AI生成高质量的文案，需要具备语言理解与生成能力、内容创意与多样性以及对目标受众的洞察力。

需要注意的是，并不是所有的短句都可以合并，也不是所有的短句都需要合并，用户需要根据具体的语境和表达需求进行判断，再让DeepSeek进行合并。

5.2.6　拆分长句型文案，便于阅读

扫码看教学视频

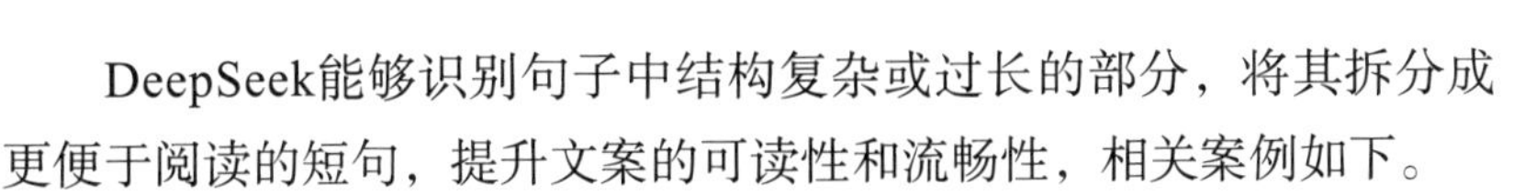

DeepSeek能够识别句子中结构复杂或过长的部分，将其拆分成更便于阅读的短句，提升文案的可读性和流畅性，相关案例如下。

提示词

请将下面的长句进行拆分，要求：保持原意，语句通顺，语意连贯。
借助AI智能分析精准把握用户的兴趣巧妙地融合创意元素打造引人入胜的小红书标题文案。

DeepSeek

借助AI智能分析，精准地把握用户的兴趣。
巧妙地融合创意元素。
打造引人入胜的小红书标题文案。

用户还可以根据需要调整拆分后的句子，确保其更加简洁明了。

5.2.7 添加修辞手法，文采斐然

扫码看教学视频

添加修辞手法是常见的文案润色方法之一。修辞手法的种类繁多，用户可以指定具体的种类让DeepSeek进行添加，相关案例如下。

提示词

请为以下文案添加比喻的修辞手法。
文案：夏日的杨梅，颜色是鲜艳如火的，杨梅是解暑佳品，味道是酸甜可口的。

DeepSeek

夏日的杨梅，颜色如同燃烧的火焰，鲜艳夺目；杨梅仿佛自然的解暑神器，犹如清凉的甘露，驱散酷暑；它的味道则像是初恋的滋味，酸甜交织，令人回味无穷。

这样做可以增强文案的表达力和艺术性，从而更容易获得受众的关注与喜爱。

第6章

办公提效：DeepSeek 职场全面提速

在职场中，如何提高工作效率、优化工作内容的质量和精准度是现代办公常见的问题。DeepSeek通过AI技术，能够为行政人力、企业管理、项目运营、技术研发、政府机构以及金融投资等领域的人员，提供高效的解决方案。本章将展示DeepSeek在各个办公场景中的应用案例和技巧，帮助大家在各自的岗位提高工作效率。

6.1 使用 DeepSeek 提升人力与行政管理

在人力资源与行政管理工作中，DeepSeek为优化工作流程提供了强大的支持。本节将探讨DeepSeek在招聘、面试、培训、制度制定等方面的应用，帮助大家提高效率，降低人力成本。

6.1.1 生成招聘启事，广纳贤才

扫码看教学视频

招聘启事是企业在寻找合适的人才时发布的一种官方通告，它详细列出了职位的要求、职责范围、应聘条件以及申请流程等关键信息。在DeepSeek的对话页面，用户可以通过对话的方式，让DeepSeek根据职位自动生成清晰、准确且具有吸引力的招聘启事，相关案例如下。

提示词

生成一则针对财务专员的招聘启事，包含以下内容：职位描述、必备技能（如财务分析、会计知识）、薪资范围（如每个月7千～9千）、公司福利（如五险一金、周末双休、年底十三薪、年度体检以及培训机会）。

DeepSeek

财务专员招聘启事
加入我们，共创未来！
公司简介：
[公司名称]是一家专注于[行业领域，如：科技/制造/金融等]的创新型企业，致力于为客户提供优质服务。我们重视人才培养与团队协作，现因业务发展需要，诚聘财务专员1名，期待您的加入！
职位名称：财务专员
工作地点：[城市/地区]
薪资范围：7000～9000元/月（具体面议，视能力而定）
招聘人数：1人
发布时间：[填写日期]
职位描述：
负责公司日常财务核算工作，包括账务处理、报表编制及税务申报；
协助完成预算编制、成本管控及财务分析，为管理层提供决策支持；
定期核对往来款项，确保账务清晰准确；
配合内外部审计工作，确保财务合规性；
参与财务流程优化，提升财务管理效率。
……

在编写提示词时，可以清晰列出职位的关键要素，包括薪资、福利、技能要求及工作职责等，以确保DeepSeek能够生成全面且具吸引力的招聘启事。

6.1.2　生成面试问题，选拔精英

扫码看教学视频

面试官在招聘过程中扮演着重要角色，提出有效的问题可以帮助评估应聘者。借助DeepSeek，可以生成多样化的面试问题库，提升面试质量；也可以针对不同岗位的需求，定制化面试问题，确保面试内容更具有针对性和个性化，相关案例如下。

提示词

生成针对项目管理职位的面试问题库，包括行为和技术相关的问题。

DeepSeek

项目管理职位面试问题库
一、行为问题（考察软技能和过往经验）
1. 项目经验：
请描述你曾经负责过的最具挑战性的项目。你是如何克服挑战并取得成功的？
举例说明你如何管理项目范围蔓延。你是如何与利益相关者沟通并达成共识的？
描述一次你未能按时完成项目的经历。你从中学到了什么？你会如何避免类似情况再次发生？
你如何确定项目的优先级并分配资源？请举例说明。
你如何管理项目团队中的冲突？请分享一个你成功解决冲突的例子。
2. 沟通与协作：
你如何与不同层级的利益相关者进行有效沟通？请举例说明。
你如何确保项目团队所有成员都了解项目目标和进度？
……

在提示词中可以指定面试类型（如“行为面试”或“技术面试”），并提供职位相关的背景信息，以便DeepSeek生成合适的问题。

6.1.3　生成培训计划，提升能力

扫码看教学视频

系统的培训计划对于新员工的成长与发展至关重要。借助DeepSeek生成新员工培养方案，可以确保他们快速适应公司文化并掌握必要的技能，相关案例如下。

提示词

请作为一名人力资源专家，生成一份[新员工培养]计划，为期[10天]，需包括[培训目标、日程安排、培训内容和评估标准]。

DeepSeek

新员工培养计划（10天）
一、培训目标
帮助新员工快速了解公司文化、价值观、规章制度和业务流程，顺利融入团队。
使新员工掌握岗位所需的基本技能和知识，能够独立完成基础工作。
提升新员工的沟通能力、团队合作意识和职业素养，为其职业发展奠定基础。
二、日程安排
……

在提示词中可以明确培训的目标、内容和时间安排，以便DeepSeek生成具体、可行的培训方案。

6.1.4 制定行政制度，规范管理

扫码看教学视频

行政制度是指企业内部为了维持秩序、规范操作流程而制定的一系列规章制度，这些规则涵盖了员工的行为准则、工作流程、奖惩机制等多个方面，目的是确保组织运作的高效性和一致性。DeepSeek能够根据企业的具体需求和行业标准，生成结构化、条理清晰的行政制度文本，相关案例如下。

提示词

请作为一名行政管理专家，撰写一份[考勤管理]制度，要求明确规定[员工的考勤、加班、调休等制度的申请和审批流程、请假制度、出勤时间、工作时间]，强调制度的有效性和可执行性。

DeepSeek

考勤管理制度
第一章　总则
第一条　目的
为规范公司考勤管理，维护正常的工作秩序，提高工作效率，保障员工的合法权益，特制定本制度。
第二条　适用范围

本制度适用于公司全体员工。
第二章　出勤时间
第三条　工作时间
公司实行标准工时制，每周工作5天，每天工作8小时，具体工作时间为：
上午：9：00—12：00
下午：13：30—18：30
第四条　弹性工作时间
公司允许部分岗位实行弹性工作制，具体实施方案由部门负责人提出，经人力资源部审核，报总经理批准后执行。
……

在提示词中可以提供行政制度所需涵盖的具体内容和信息，以确保生成的行政制度结构合理且内容全面。

6.1.5　组织职场话术，有效沟通

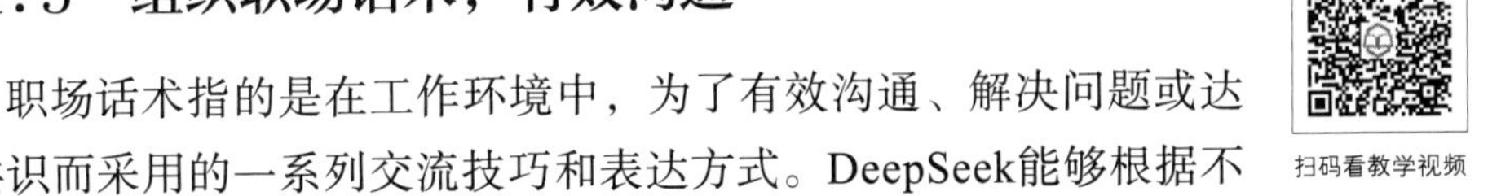

扫码看教学视频

职场话术指的是在工作环境中，为了有效沟通、解决问题或达成共识而采用的一系列交流技巧和表达方式。DeepSeek能够根据不同的职场场景和需求，提供具有针对性的沟通建议和模板，帮助职场人士构建清晰、专业的表达方式，相关案例如下。

提示词

请撰写一段风格严肃的语句来向直属领导描述公司新引进的环境污染处理系统，注意你需要结合这句话的受众人群特征来进行口语化的语言组织。

DeepSeek

尊敬的领导，关于公司新引进的环境污染处理系统，我想向您简要汇报一下。这套系统采用了目前国际上较为先进的污染治理技术，能够有效处理生产过程中产生的废气、废水和固体废弃物，确保排放指标达到甚至优于国家环保标准。从初步运行数据来看，系统稳定性高，处理效率显著，预计将大幅降低我们的环保合规风险。同时，系统的自动化程度较高，操作简单，对现有生产流程的影响较小。相信这套系统的投入使用，不仅能够提升公司的环保形象，也能为我们在日益严格的环保政策下赢得更多的发展空间。您看什么时候方便，我可以安排技术团队给您做个更详细的演示和汇报。

良好的职场话术不仅能够帮助职场人士在日常工作中更加得体地表达意见，还能够在与同事、上司或客户交流时建立良好的人际关系。因此，在提示词中提出结合受众特征进行口语化语言组织的要求，将促使DeepSeek生成易于被领导、同事以及客户理解和接受的话术。

6.1.6 撰写述职报告，展示成果

扫码看教学视频

述职报告是对个人在一定时期内工作情况的总结与评价，通常包括工作成绩、存在的问题、改进措施以及未来计划等内容。DeepSeek能够根据个人的工作经历和成就，生成结构合理、逻辑清晰的述职报告，相关案例如下。

提示词

作为一名售后维修技师，在过去的一年中，我完成了超过100次设备维修任务，客户满意度评分达到95%，请结合我在设备维修和故障排查方面的经验，生成述职报告。

DeepSeek

述职报告
尊敬的领导：
您好！转眼间，一年时间已过。在过去的一年里，我始终秉持着“客户至上，精益求精”的服务理念，认真履行售后维修技师的职责，圆满完成了各项工作任务。现将本人一年来的工作情况汇报如下。
一、工作完成情况
维修任务高效完成：过去一年，我共计完成超过100次设备维修任务，平均每月完成8次以上，任务完成率达100%。面对繁重的维修任务，我始终保持积极主动的工作态度，合理安排时间，高效完成每一项维修工作。
客户满意度高：我始终将客户满意度放在首位，认真倾听客户的需求，耐心解答客户疑问，并提供专业的维修建议。凭借精湛的技术和优质的服务，我获得了客户的一致好评，客户满意度评分高达95%。
故障排查能力突出：凭借丰富的设备维修经验和扎实的技术功底，我能够快速准确地排查设备故障，并制定有效的维修方案。在过去的一年中，我成功解决了多起复杂设备故障，保障了设备的正常运行，为客户避免了经济损失。
……

本案例提示词为DeepSeek提供了详尽的背景信息和具体需求，明确指出了职业身份、工作成果以及报告的重点，有助于DeepSeek理解并聚焦于报告的核心内容。

6.2 使用 DeepSeek 优化企业与项目管理

在企业与项目管理的过程中，DeepSeek能够帮助管理者高效整理和生成各类报告、计划书及分析文档。本节将展示如何运用DeepSeek提升企业的决策效率和项目的执行效果。

6.2.1 整理会议纪要，简化工作

在现代企业运营中，高效的会议管理是提升团队协作和决策效率的关键，使用DeepSeek可以显著简化会议纪要的整理工作，相关案例如下。

提示词

我将给你提供一段会议纪要，帮我整理成更规范的形式，包括会议的基本信息、目的和议题、内容摘要、决议和行动事项、附件和参考信息。
以下是会议纪要的内容：
（略，详细内容见附赠的提示词文档）

DeepSeek

会议纪要
会议基本信息
会议议题：市场推广策略及预算
会议时间：7月20日上午9点至12点
参会人员：
主持人：张三
参会人员：李四、王五等
缺席人员：孙八
会议目的和议题
目的：
1. 回顾上一季度市场推广效果，分析存在的问题与成功的经验。
2. 规划下一季度的市场推广策略，明确重点方向。
3. 确定预算分配方案，确保资源合理配置。
……

本案例提示词为DeepSeek整理会议纪要提供了清晰的结构框架，有助于DeepSeek更准确地识别信息，并按要求整理，提高了会议整理的效率和结果的规范性。

6.2.2 生成工作报告，全面总结

扫码看教学视频

在忙碌的工作环境中，撰写详细的工作报告往往是耗费时间和精力的任务，使用DeepSeek可以更高效地生成高质量的工作报告，相关案例如下。

提示词

根据以下内容生成项目进度工作报告，具体包括以下内容。
本月已完成的任务：市场调研（收集200份反馈）、完成初步设计方案、选择供应商（3家，正在谈判）
未完成任务的原因：供应商谈判延迟（1周）、技术开发滞后（影响2周）、营销策划未启动（预算审批延迟）
下一步行动计划：完成供应商合同签署、增加开发人员、加速进度、启动营销策划（预算审批后）
项目预算：总额100万元，已使用50万元，剩余50万元
资源需求：招聘2名开发人员，采购服务器设备（10万元）

DeepSeek

项目进度工作报告
一、本月已完成的任务
市场调研：成功收集200份有效反馈，为产品设计和市场策略提供了宝贵的数据支持。
初步设计方案：已完成产品初步设计方案，并已通过内部评审。
供应商选择：已筛选出3家潜在供应商，目前正在进行合同细节谈判。
二、未完成的任务及原因
供应商谈判延迟：由于合同条款细节讨论，谈判进度比预期延迟约1周。
技术开发滞后：由于开发人员不足，技术开发进度比预期滞后约2周。
营销策划未启动：由于预算审批流程延迟，营销策划工作尚未启动。
……

本案例提示词为DeepSeek生成项目进度工作报告提供了很好的框架和指导，既全面又具体，条理清晰，易于理解和实施。

6.2.3 撰写商业计划书，规划未来

扫码看教学视频

在创业和企业发展过程中，一份详尽的商业计划书是获得投资、明确战略方向和指导运营的关键，使用DeepSeek可以更高效地撰写出结构清晰、内容丰富的商业计划书，相关案例如下。

提示词

请作为一名专业的商业策划专家，撰写一份[连锁健身房扩张计划]的商业计划书，计划在未来两年内拓展至10个新地区，要求内容全面完整（包括选址标准、装修风格和服务流程）、思路清晰、可行性强，能够吸引潜在投资者和合作伙伴的关注。

DeepSeek

连锁健身房扩张计划商业计划书
一、执行摘要
本计划书旨在阐述[连锁健身房品牌名称]未来两年内拓展至10个新地区的扩张计划。我们将凭借成熟的商业模式、差异化的品牌定位和高效的运营体系，在目标市场复制成功的经验，打造区域领先的健身品牌，为投资者和合作伙伴创造丰厚的回报。
二、市场分析
行业前景：随着健康意识的提升和消费升级，中国健身市场持续快速增长，预计未来五年年均复合增长率将超过10%。
目标市场：计划拓展的10个新地区为[列出目标城市]，这些城市经济发展水平较高，人口密集，健身意识逐渐增强，市场潜力巨大。
……

本案例提示词为DeepSeek撰写商业计划书提供了明确的指导和期望，通过设定专业角色（商业策划专家）和具体目标，确保DeepSeek生成的计划书更具专业性和针对性。

6.2.4　生成SWOT分析报告，洞察优劣

扫码看教学视频

在企业管理和战略规划中，SWOT（优势Strengths，劣势Weaknesses，机会Opportunities，威胁Threats）分析是评估企业内外部环境的关键工具，使用DeepSeek可以更高效地生成全面且细致的SWOT分析报告，相关案例如下。

提示词

我们是一家新能源企业，专注于太阳能技术的应用，请分析未来几年内太阳能技术的发展趋势，并提出我们如何利用这些趋势来巩固市场地位，生成一个SWOT分析报告。

DeepSeek

太阳能技术未来的发展趋势及SWOT分析报告
一、未来几年太阳能技术的发展趋势
1. 高效率、低成本
PERC（钝化发射极和背面电池技术）、TOPCon（隧穿氧化层钝化接触技术）、HJT（本征薄层异质结技术）等高效电池技术将加速普及，转换效率不断提升。
钙钛矿电池等新兴技术有望取得突破，带来更高的效率和更低的成本。
硅料、组件等环节成本持续下降，推动光伏发电成本进一步降低。
2. 智能化、数字化

人工智能、大数据等技术将应用于光伏电站的运维管理，提高发电效率和可靠性。
智能微电网、虚拟电厂等新模式将加速发展，提升光伏发电的消纳能力。
……

本案例提示词为DeepSeek提供了清晰的方向和框架。首先，明确了公司的行业背景和专长（新能源企业，专注于太阳能技术的应用），这有助于DeepSeek聚焦分析范围；其次，要求分析未来几年的技术发展趋势，这能够促使DeepSeek深入地研究行业动态，为策略制定提供前瞻视角；最后，提出如何利用趋势巩固市场地位，并生成SWOT报告，确保了分析结果的实用性，对公司战略规划具有重要的指导意义。

6.2.5 生成投资分析报告，助力决策

扫码看教学视频

投资分析报告是一种专业的文档，它综合分析了市场趋势、经济指标、公司财务状况，以及其他相关因素，以评估投资机会的潜在风险和回报。

通过提供详尽的市场数据、行业趋势，以及具体公司的财务信息，DeepSeek能够快速生成结构清晰、分析透彻的投资分析报告，相关案例如下。

提示词

请你以资深证券分析师的身份，为我准备一份关于[DF科技有限公司]的股票投资分析报告。分析其最新财务报表，评估盈利能力、运营效率和现金流状况，展现财务健康度。结合行业趋势和竞争格局，分析其成长潜力与市场份额策略。运用市盈率、市净率等估值指标，对比市场同类公司，评估股价的合理性与增长空间。综合考虑各类风险，提出买入、持有或卖出的投资建议及理由，为投资者提供决策参考。

DeepSeek

DF科技有限公司股票投资分析报告
日期：2025年10月26日
分析师：[您的姓名]
目标公司：DF科技有限公司（以下简称“DF科技”）
报告摘要：
本报告对DF科技有限公司进行了全面的财务和行业分析，评估了其盈利能力、运营效率、现金流状况、成长潜力、市场份额策略以及估值水平。基于分析结果，我们提出了“买入/持有/卖出”的投资建议，并阐述了相关理由。
一、财务分析
1.1　盈利能力

收入增长：分析DF科技过去三年的收入增长率，并与行业平均水平进行比较。
……

本案例提示词对于使用DeepSeek生成投资分析报告极具指导性和系统性。它不仅明确了DeepSeek的角色定位（资深证券分析师），还详细列出了报告所需涵盖的各个方面。

6.2.6　策划项目运营方案，推动进展

扫码看教学视频

在项目管理中，一个清晰、精准的运营方案是项目成功的关键。无论是新产品的发布、市场活动的策划，还是团队协作的管理，DeepSeek都能通过智能分析和建议，帮助用户制定详细的项目运营方案，相关案例如下。

提示词

策划新款智能手机的发布项目，目标是提升品牌形象并创造市场需求，预算为100万元，发布时间为3个月后，需要制定产品发布会的方案，包括推广计划、目标市场定位、营销渠道、时间表、团队职责等。

DeepSeek

新款智能手机发布会策划方案
一、项目概述
项目名称：[新款智能手机名称]发布会
项目目标：
提升品牌形象，树立[品牌定位，例如：高端、年轻、科技]的品牌形象。
创造市场需求，为新品上市造势，提升产品销量。
预算：100万元人民币
发布时间：3个月后
二、目标市场定位
目标人群：描述目标用户群体。例如：18～35岁的年轻群体、科技爱好者、摄影爱好者等。
用户画像：详细描述目标用户特征，例如：年龄、性别、职业、兴趣爱好、消费习惯等。
市场分析：分析目标市场现状、竞争对手情况、市场机会等。
……

在制定项目运营方案时，确保提供的信息详细且精准，这样DeepSeek能生成更符合需求的方案。比如，明确的项目目标、时间节点、预算、资源分配等因素，能帮助DeepSeek更好地进行智能分析和优化建议。

6.3 使用 DeepSeek 助力其他专业领域的写作

除了人力资源与企业管理，DeepSeek在其他专业领域的写作中同样发挥着重要作用。本节将展示DeepSeek在产品评测、公文撰写、研究报告等方面的应用，进一步提高写作效率。

6.3.1 撰写产品评测文章，客观评价

扫码看教学视频

在当今的消费市场中，产品评测文章是用户了解产品性能和特点的重要途径，使用DeepSeek可以大大提高撰写产品评测文章的效率和质量。DeepSeek能够根据产品的具体功能、用户体验以及市场反馈，生成客观翔实的评测内容，相关案例如下。

提示词

请你作为一名专业的科技博主，为我们最新推出的TK智能手表撰写一篇产品评测文章，描述TK智能手表在各种使用场景下的电池续航表现，并与同类产品进行比较。

DeepSeek

续航怪兽还是虚标王者？TK智能手表真实续航大揭秘！

智能手表作为贴身健康管家，续航能力一直是用户关注的焦点。最近，TK智能手表横空出世，官方宣称其拥有“超长续航”，但实际表现究竟如何？我们进行了长达一周的深度体验，从日常通勤到户外运动，全方位测试TK智能手表的续航能力，并与市场上的几款热门智能手表进行对比，为你揭开真相！

日常使用：轻松应对一周通勤

在日常使用场景下，我们模拟了大多数用户的使用习惯：开启心率监测、睡眠监测、消息通知等功能，每天进行30分钟左右的户外跑步，将屏幕亮度设置为自动调节。经过测试，TK智能手表在满电状态下可以轻松坚持7天，与官方宣称的续航时间基本一致。相较于Apple Watch Series 8的18小时续航，以及华为Watch GT 3的14天续航，TK智能手表的表现可圈可点，能够满足大多数用户一周一充的需求。

运动模式：持久续航，助力突破极限

对运动爱好者来说，智能手表在运动模式下的续航表现至关重要。我们分别测试了TK智能手表在开启GPS定位、心率监测、音乐播放等功能下的续航时间。在全程开启GPS的情况下，TK智能手表可以连续使用15小时，足以应对一场马拉松比赛。而在关闭GPS的情况下，续航时间更是可以延长至20小时，满足长时间户外运动的需求。

……

本案例提示词通过设定“专业的科技博主”角色，让DeepSeek能够模拟专业、客观的评测视角，增强文章的权威性和可信度。提示词要求“描述TK智能

手表在各种使用场景下的电池续航表现”，确保了评测内容的全面性和实用性，帮助用户了解产品的核心性能。

6.3.2　撰写产品说明书，清晰介绍

扫码看教学视频

DeepSeek能够根据产品的特性和目标用户群体，生成结构合理、内容翔实的说明书。无论是产品功能介绍、使用步骤说明，还是注意事项和常见问题解答，DeepSeek都能提供精准且易懂的表述，相关案例如下。

提示词

请作为一名[电子产品用户界面]设计专家，写一份[投影仪]说明书，要求目标用户明确、使用场景清晰、功能说明详细、示例直观、语言简洁明了。

DeepSeek

星光投影仪用户指南
目标用户：追求便捷操作、喜爱家庭影院氛围、对生活品质有追求的用户。
使用场景：卧室、客厅、户外露营等场景，打造沉浸式观影、游戏、音乐体验。
一、产品清单
星光投影仪主机×1
遥控器×1（电池已安装）
电源适配器×1
HDMI线×1
快速入门指南×1
二、产品外观及按键说明
（插入产品外观图，并标注按键和接口）
1. 电源键：短按开机/关机，长按3秒强制关机。
2. 方向键：上、下、左、右用于选择，OK键用于确认。
3. 返回键：返回上一级菜单。
4. 菜单键：呼出/关闭设置菜单。
5. 音量键：调节音量大小。
6. 焦距调节环：手动调节画面清晰度。
7. HDMI接口：连接电脑、游戏主机等设备。
……

本案例提示词明确指定了角色为“[电子产品用户界面]设计专家”，让DeepSeek能够聚焦在用户体验和界面设计的专业视角上，确保输出的产品说明书具备专业性和针对性。同时，提示词要求“目标读者明确、使用场景清晰”，确保了文档的实用性和易理解性，有助于减少用户困惑，提升产品使用的便捷性。

6.3.3 编写Python代码，提高效率

扫码看教学视频

在现代办公环境中，DeepSeek不仅能够辅助处理常规任务，还可以帮助用户编写自动化代码，提高用户的工作效率，无论是数据分析、自动化处理还是网络爬虫，DeepSeek都能提供精准的帮助，相关案例如下。

提示词

生成一个Python代码，自动备份文件夹内容到云存储，每天定时运行。注意生成代码解析。

DeepSeek

要实现自动备份文件夹内容到云存储，并且每天定时运行，我们可以使用Python编写一个脚本。这个脚本将使用schedule库来定时运行备份任务，并使用google-cloud-storage库将文件上传到Google Cloud Storage（GCS）。以下是代码示例和解析：

1. 安装所需的库

首先，确保你已经安装了以下Python库。

```
bash
pip install google-cloud-storage schedule
```

2. 编写Python脚本

```
python
import os
from google.cloud import storage
import schedule
import time
……
```

在编写Python代码的过程中，DeepSeek能够根据用户的需求快速生成所需代码，并在此基础上进行调试与优化。在本案例的提示词中，明确提出了需要生成“自动备份文件夹内容到云存储，每天定时运行”的代码，以便DeepSeek精准生成相应的代码。

6.3.4 撰写法定公文，规范严谨

扫码看教学视频

在现代行政管理中，撰写准确无误的法定公文对于确保法律效力和行政效率至关重要。通过提供必要的背景信息和具体内容要求，DeepSeek能够快速生成格式规范、表述严谨的公文草案，相关案例如下。

提示词

现在，请你扮演一位政府公文撰写专员。我们需要在2025年8月10日发布一份通告，告知市民由于市政道路维修，GS路将于2025年8月15日至8月25日封闭。
请根据以下模板撰写一份通告书：
【标题】关于XX路临时交通管制的通知
【正文】尊敬的市民：
为改善我市交通状况，提高道路通行能力，经市政府批准，将于XXXX年XX月XX日至XX月XX日对XX路进行维修施工。施工期间，该路段将实行临时交通管制，请过往车辆和行人提前做好绕行准备。给您带来的不便，敬请谅解！
【落款】[市政府名称]XXXX年XX月XX日
请按照上述模板和要求撰写通告书，并确保语言规范、内容准确。

DeepSeek

【标题】关于GS路临时交通管制的通知
【正文】尊敬的市民：
为改善我市交通状况，提高道路通行能力，经市政府批准，将于2025年8月15日至8月25日对GS路进行维修施工。施工期间，该路段将实行临时交通管制，请过往车辆和行人提前做好绕行准备。给您带来的不便，敬请谅解！
【落款】[市政府名称]2025年8月10日

本案例提示词不仅设定了公文的具体类型和目的（市政道路维修通告），还提供了详尽的模板框架，包括标题、正文和落款的格式要求，确保了公文结构的规范性。

6.3.5 撰写事务公文，恰当表述

扫码看教学视频

在日常办公中，撰写清晰、准确的事务性公文是保证沟通顺畅和工作高效进行的基础。通过提供具体的背景信息和要求，DeepSeek能够快速生成格式规范、语言得体的事务公文草稿，无论是内部通知、工作报告还是会议纪要等，都能够根据不同的应用场景提供恰当的表述，大大节省了撰写时间，相关案例如下。

提示词

现在请你扮演一位政府会议协调员。我们需要给各相关部门负责人发送一封会议邀请函，邀请他们参加关于城市规划的讨论会议，请根据以下要点撰写邀请函。
会议目的：讨论未来5年城市发展规划。

时间地点：2025年8月28日上午9点，市政厅5楼会议室。
准备材料：请每位参会者准备一份关于各自区域发展现状的报告。
回复确认：请于8月25日前确认是否能够出席。
请确保邀请函内容详尽、礼貌，并提醒参会者做好准备工作。

DeepSeek

会议邀请函
尊敬的各位部门负责人：
您好！
为进一步推动我市的可持续发展，科学规划未来5年的城市发展蓝图，特此诚挚邀请您参加关于“未来5年城市发展规划”的讨论会议。此次会议将汇集各相关部门的智慧与建议，共同探讨我市未来的发展方向与重点任务。
会议具体安排如下：
会议时间：2025年8月28日（星期三）上午9：00
会议地点：市政厅5楼会议室
会议目的：讨论未来5年城市发展规划，明确各区域的发展重点与协作机制。
为保障会议高效进行，请您提前做好以下准备工作。
准备材料：请每位参会者准备一份关于各自区域发展现状的报告，内容可包括当前发展成果、面临的挑战，以及未来5年的发展建议。报告请尽量简明扼要，突出重点。
回复确认：为确保会议顺利筹备，请您于2025年8月25日（星期日）前通过邮件或电话确认是否能够出席。
您的参与对本次会议的成功至关重要，期待您为我市的未来发展贡献宝贵意见。如有任何问题或需要进一步的信息，请随时与我们联系。
……
希望这封邀请函能够清晰传达会议信息，并确保各位负责人做好充分准备。如有任何调整需求，请随时告知！

本案例提示词清晰地界定了角色（政府会议协调员）、任务（撰写会议邀请函）以及具体要点，如会议目的、时间地点、准备材料和回复确认等，为DeepSeek提供了明确的撰写方向和内容框架。

6.3.6 撰写研究报告，高效汇总

扫码看教学视频

在研究领域，撰写高质量的研究报告往往需要大量的文献查阅、数据整理与分析、反复的文字润色，这一过程既耗时又费力。然而，借助DeepSeek强大的文本生成能力，研究人员可以更高效地进行资料汇总、初步分析乃至草稿撰写等工作，从而将更多精力投入到研究的核心内容上，相关案例如下。

提示词

请你设想自己是一位2045年的交通规划专家，在回顾过去10年交通领域的发展历程时，描述交通技术的主要突破点，包括但不限于交通系统优化、基础设施升级，以及出行方式多样化等方面，并探讨这些变化是如何影响城市格局和居民日常生活的。

DeepSeek

2045年交通规划专家回顾：2035—2045交通革命如何重塑我们的城市和生活

作为一名2045年的交通规划专家，回望过去10年，我惊叹于交通领域翻天覆地的变化。这场交通革命不仅彻底改变了人们的出行方式，更重塑了城市格局和居民日常生活。

主要技术突破点：

1. 交通系统优化：

人工智能交通管理平台普及：基于深度学习的AI系统实时分析海量交通数据，动态调整信号灯、路线规划和公共交通调度，将交通拥堵减少了70%以上。

车路协同系统（V2X）成为标配：车辆与道路基础设施实现实时信息交互，提前预警潜在危险，优化行驶路线，大幅提升道路安全和通行效率。

共享出行平台高度整合：各类共享出行服务（自动驾驶出租车、共享单车、电动滑板车等）整合到统一平台，用户可根据需求无缝切换，实现“门到门”的便捷出行。

2. 基础设施升级：

智慧道路广泛应用：配备传感器、无线充电设备和自动驾驶专用车道的智慧道路，为自动驾驶汽车提供安全、高效的行驶环境。

立体化交通网络形成：地下隧道、空中走廊和地面道路相互衔接，构建起多层次、立体化的城市交通网络，有效缓解地面交通压力。

超级高铁网络初具规模：时速超过1000千米的超级高铁连接主要城市，将城际旅行时间缩短至半小时以内，促进区域经济一体化发展。

3. 出行方式多样化：

……

这个提示词通过设定“2045年交通规划专家”的身份，让DeepSeek能够站在未来视角，以更前瞻性的思维分析交通技术的发展。

第 7 章

生活应用：DeepSeek 让生活更加便捷

DeepSeek在学习与生活的广阔舞台上，以其独特的智慧与贴心，为用户带来了前所未有的便捷与惊喜。从个性化学习到各种日常琐事的轻松应对，DeepSeek以其全面的功能性和人性化的设计，正逐步成为人们不可或缺的智能伙伴。

7.1 使用 DeepSeek 指导个性化学习

在知识爆炸的时代，如何高效、精准地获取所需信息，实现个性化学习，成为每个求知者面临的难题。DeepSeek作为一款先进的AI助理，凭借其强大的自然语言处理能力和深度学习能力，正逐步成为个性化学习的得力助手。DeepSeek不仅能够根据用户的基础、兴趣及目标，量身定制学习路径，还能精准地推荐学习资源，甚至在语言学习和出国翻译方面具有出色的表现，让学习之路更加顺畅、高效。

7.1.1 规划辅导学习，定制路径

扫码看教学视频

DeepSeek具备强大的学习路径规划与辅导能力，它能够智能地分析用户的能力和需求，为用户量身定制一条既符合个人特点又高效的学习路径，使学习变得更有条理和针对性。另外，DeepSeek还能创建模拟考试，帮助用户检验学习成果，并对模拟考试的结果进行分析，指出用户的薄弱环节，从而为用户提供更有针对性的辅导。

除了规划与辅导，DeepSeek在时间管理和学习技巧方面也能为用户提供有力支持。它能够根据学习路径和用户的学习习惯，提供合理的时间分配建议，并帮助用户制定科学的日程表，确保他们有足够的时间用于学习、休息和娱乐。另外，DeepSeek还致力于跨学科整合，帮助用户理解不同学科之间的联系，促进跨学科学习，并提供丰富的跨学科学习资源和活动建议，以拓宽用户的知识视野，相关案例如下。

提示词

你好，我是一个刚开始接触编程的大一学生，我的目标是学会使用Python并能独立完成一些简单应用的开发。我对编程非常感兴趣，但完全没有经验。你能帮我制订一个学习计划吗？比如，我应该先学什么基础知识？有哪些在线课程或书籍推荐？另外，我还想知道，在学习过程中应该做哪些实践项目来巩固所学知识？

DeepSeek

以下是为零基础的大一学生制订的Python学习计划，结合了基础知识学习、资源推荐和实践项目建议，帮助你从入门到独立开发应用。

一、分阶段学习计划（建议4～6个月完成）

第一阶段：基础语法与核心概念（1～2个月）

1. 核心内容

（1）变量与数据类型：整数、字符串、列表、字典、元组等操作。

（2）流程控制：'if-else'条件语句、'for'和'while'循环。
（3）函数与模块：定义函数、参数传递、导入标准库（如'math'、'random'）。
（4）文件操作：读写文件、异常处理（'try-except'）。
（5）面向对象编程：类、对象、继承、多态。
2. 推荐资源：
（1）书籍：《Python编程：从入门到实践》（适合项目实践）；《笨办法学Python》（习题驱动）。
（2）在线课程：Coursera《Python for Everybody》（免费，适合零基础）；Codecademy的Python课程（互动性强）。
……

本案例提示词在请求DeepSeek助力学习路径规划与辅导时，展现出了清晰、具体且有针对性的写作技巧。首先，它明确指出了提问者的身份（大一学生）、起点（刚开始接触编程）、目标（学会Python并独立开发简单应用）及兴趣点（对编程非常感兴趣但无经验）；接着通过一系列具体的问题，如学习计划的制订、基础知识的学习顺序、推荐的在线课程或书籍，以及实践项目的选择，引导DeepSeek提供全面且个性化的辅导建议。这种结构化的提问方式，有助于DeepSeek更精准地理解用户的需求，从而给出高质量的学习路径规划方案。

7.1.2 推荐资源答疑，解决难题

扫码看教学视频

DeepSeek能够根据用户的学习需求与兴趣，精准地推荐相关的学习资源。无论是经典的教材、权威的在线课程，还是实用的学习工具，DeepSeek都能一一列举，帮助用户快速找到最适合自己的学习内容。

同时，用户在学习过程中遇到难题时，DeepSeek也能迅速提供详尽的解答。DeepSeek不仅能够解释复杂的概念，还能通过实例分析，帮助用户深入理解并掌握所学知识。更重要的是，DeepSeek的答疑过程灵活且个性，能够根据用户的反馈不断调整解释的角度和深度，确保每个人都能得到适合自己的帮助，相关案例如下。

提示词

帮我解答下面的题目
一艘轮船从甲港顺水航行到乙港，立即逆水返回甲港，共用8小时，已知顺水速度比逆水速度每小时快20千米，又知前4小时比后4小时多行60千米，甲、乙两港相距多远?

DeepSeek

答案
前4小时中逆水航行的时间：（20×4-60）÷20=1（小时）
逆水每小时航行千米数：60÷2÷1=30（千米）
甲、乙两港之间的距离：（4+1）×30=150（千米）
解析
一、分析
本题主要涉及顺水、逆水航行问题，用到的概念有顺水速度、逆水速度，以及路程、时间、速度之间的关系。我们先通过已知条件求出前4小时中逆水航行的时间，进而得出逆水速度，最后根据逆水速度和总航行时间求出甲、乙两港的距离。
二、详解
1. 求前4小时中逆水航行的时间
……

在本案例提示词中，用户明确地提出了自己的需求，即解答题目。通过直接将题目发送给DeepSeek，要求DeepSeek对其进行解答，用户可以快速获取答案和解析。这种提问方式不仅有助于DeepSeek快速理解用户的需求并及时响应，还能确保获得的回答更加准确和实用，从而有效解决用户的难题。

7.1.3　学习翻译语言，轻松掌握

扫码看教学视频

对于语言学习，DeepSeek不仅提供了即时、准确的翻译服务，还能根据用户的水平和需求，生成个性化的学习材料和练习题。通过与DeepSeek的对话，用户可以在模拟的真实语境中实践语言技能，从而提高口语表达和听力理解能力。

在出国旅行或商务洽谈中，DeepSeek可作为便携的翻译助手，帮助用户克服语言障碍。无论是点餐、购物，还是交流思想，DeepSeek都能迅速提供恰当的翻译，确保沟通的顺畅进行。另外，DeepSeek还能根据对话的上下文，理解并传达更复杂的情感和意图，使翻译更加自然和贴切，相关案例如下。

提示词

我目前正在全力备考托福考试，尽管我在阅读和口语上表现尚可，但听力理解和学术写作一直是我的弱项。我想知道有哪些有效的策略或练习方法可以帮助我在这两个领域取得进步？此外，是否有特定的在线资源或书籍推荐，特别是那些包含模拟测试题目的资料？

DeepSeek

以下是针对托福听力理解和学术写作的备考策略及资源推荐，结合了练习方法和实用资料。
一、听力理解提升策略
1. 基础训练与沉浸式学习
（1）多听学术材料：优先选择TED演讲、BBC纪录片、大学公开课（如Coursera），这些材料与托福Lecture内容高度重合，能熟悉学术逻辑和术语。
（2）精听与泛听结合。
（3）精听：逐句听写+复述，重点抓关键信息（如转折词but、therefore，列举词firstly/secondly）。
（4）泛听：利用碎片时间听英语播客（如Scientific American 60-Second Science），培养语感。
2. 技巧强化
（1）预判与笔记法。
-听前快速浏览题目，预测可能涉及的主题；
- 使用符号/缩写记录关键词（如人名、数字、对比观点），避免逐字记录。
（2）信号词捕捉：重点训练对因果（because/due to）、举例（for instance）、转折（however）等逻辑词的敏感度。
……

本案例提示词清晰地阐述了用户的学习目标和困境，即备考托福考试中听力理解和学术写作的弱项。用户通过直接提问，引导DeepSeek提供具有针对性的策略、练习方法及资源推荐。这种提问方式不仅有助于DeepSeek快速理解需求，还能确保获得的回答更加精准和实用，从而有效地支持语言学习。

7.2 使用 DeepSeek 提供健康管理

健康是生命之本，但忙碌的生活节奏往往让很多人忽视了这一重要财富。DeepSeek作为一款智能健康管理助手，正以其独特的优势，帮助人们更好地管理自己的健康。从运动计划的制订与执行，到饮食建议与营养分析，再到心理健康的辅导与人生答疑，DeepSeek能够全方位守护用户的健康。

7.2.1 制订执行计划，科学管理

扫码看教学视频

DeepSeek在健康管理领域，特别是在运动计划的制订与执行上，展现出了强大的辅助能力。DeepSeek能够通过对话的方式深入了解用户的身体状况、运动偏好及目标，从而精准定制个性化的运动计划，确保

每一次锻炼都既科学又高效。

在执行阶段，DeepSeek不仅能提供详尽的动作指导，避免运动伤害，还擅长激发用户的运动热情，用励志故事和积极反馈，让运动变得不再枯燥，相关案例如下。

提示词

我是一名大学篮球队的成员，我的主要目标是在接下来几个月内增加肌肉质量，并提高我的体能水平，以备即将到来的比赛。我目前有一定的训练基础，但不知道如何优化我的日常训练计划来达到这些目标。你能为我提供一个详细的训练方案，包括力量训练和耐力训练的比例，以及任何有助于恢复和营养补充的建议吗?

DeepSeek

以下是为大学篮球运动员设计的增肌与体能提升综合方案，结合力量训练、专项体能及恢复策略，引用篮球体能训练与增肌相关研究成果。

一、训练计划框架（6天/周）

目标分配：力量训练占比60%（增肌+爆发力），耐力训练占比40%（体能+敏捷）

周期建议：8～12周，每4周调整一次训练强度。

1. 力量训练（每周3次，周一、周四、周六）

（1）核心动作

- 下肢爆发力：杠铃深蹲（5组×5次，重量75%～85% 1RM）、药球砸跳（4组×15次）
- 上肢推力：卧推（5组×5次）+弹力带俯卧撑（3组至力竭）
- 全身力量：硬拉（4组×4次，80% 1RM）、阻力带横向单脚跳（3组×20秒）

（2）专项强化

- 篮球对抗：平衡球单腿髋伸（3组×12次/侧，提升稳定性）
- 核心抗旋转：弹力棍深蹲跳（3组×1分钟）

2. 耐力与敏捷训练（每周2次，周二、周五）

……

本案例提示词首先清晰地阐述了用户的身份（大学篮球队成员）和目标（增加肌肉质量、提高体能水平），这为DeepSeek提供了制订运动计划的明确方向；其次用户还在提示词中说明了已有的训练基础，并具体指出了需要帮助的内容，这使得DeepSeek能够更精准地提供个性化的训练方案。

7.2.2 提供建议分析，了解状况

扫码看教学视频

DeepSeek能根据用户的身体状况、健康目标及饮食习惯，量身定制个性化的饮食计划，确保用户摄入均衡的营养，满足身体所

需。DeepSeek不仅擅长分析各类食物的营养成分，还能根据用户的口味，推荐美味又健康的食谱，让饮食不再单调。

另外，DeepSeek还能提供关于饮食误区的纠正建议，帮助用户避免营养失衡或摄入过多不健康食品。通过DeepSeek的智能化服务，用户能更科学地规划饮食，改善营养状况，为健康生活打下坚实的基础。无论是减肥、增肌还是维持健康体重，DeepSeek都能成为用户值得信赖的饮食顾问，相关案例如下。

提示词

我是一名办公室职员，由于工作繁忙，我常常选择外卖作为一日三餐的主要来源。但我注意到这样的饮食习惯并不利于我的健康和工作效率，希望你能为我制定一个简单易行的饮食改进计划，帮助我在忙碌的工作日中也能吃得健康。具体来说，你有什么关于准备快捷健康的午餐或晚餐的建议吗？另外，对于减少加工食品的摄入量，增加新鲜蔬果比例方面，你有何建议?

DeepSeek

针对你的需求，我为你设计了一个分步实施的饮食改进计划，兼顾快捷性和营养均衡性，帮助你在繁忙的工作中逐步建立更健康的饮食习惯。

一、周末战略准备（1小时基础备餐）

1. 蛋白质预制

（1）用电饭煲一次性、煮6个鸡蛋（冷藏保存4天）

（2）批量烤制鸡胸肉/巴沙鱼（200g生重/块，冷冻保存）

（3）分装即食豆制品（独立包装的卤豆干、真空嫩豆腐）

2. 主食解决方案

（1）冷冻杂粮饭团（糙米+燕麦米+小米，分装100g/份速冻）

（2）全麦卷饼（5张冷藏保存）

（3）即食燕麦片（选择无添加款）

3. 蔬菜预处理

（1）耐储蔬菜切配盒（胡萝卜条、西芹棒、彩椒块，泡水冷藏）

（2）急冻蔬菜包（西蓝花、芦笋焯水后速冻）

（3）洗净的混合沙拉菜（用厨房纸吸水后密封保存）

……

在本案例提示词中，用户首先明确了身份（办公室职员）和当前饮食习惯的问题（依赖外卖，不利于健康和工作效率），这为DeepSeek提供了制订饮食改进计划的基础；接着在提示词中具体提出了两个需求点：一是希望获得简单易行的饮食改进计划，二是关于快捷健康餐食，以及增加新鲜蔬果摄入量的具体建议。这种具体而明确的提问方式，有助于DeepSeek提供更精准、个性化的饮食建议。

7.2.3 咨询心理答疑，排解压力

扫码看教学视频

DeepSeek在心理健康与人生答疑方面展现出了独特价值，它就像一个贴心的心理顾问，随时准备倾听人们的烦恼与困惑。面对生活压力、情感纠葛或职业迷茫，DeepSeek能提供初步的心理疏导和建议。

DeepSeek通过运用丰富的知识和人性化的对话方式，帮助用户理清思路，找到问题的症结所在。无论是焦虑、抑郁还是自我认知的困扰，DeepSeek都能给予积极的引导和支持，鼓励用户正视问题，积极寻求解决方案。

另外，DeepSeek还能根据用户的个人情况，提供定制化的人生建议。从职业规划到人际关系，从情绪管理到个人成长，DeepSeek都能给出中肯且实用的建议。借助DeepSeek这个AI助理，用户可以更好地关爱自己的心理健康，找到人生的方向和意义，相关案例如下。

提示词

我是一名大学生，最近我和室友之间的关系变得很紧张，主要是因为我们之间的一些小误会没有得到及时解决。这让我感到非常困扰，也影响了我的学习和生活。你能帮我分析一下出现这种情况可能的原因是什么吗？并且给我一些实用的建议，如何有效地与室友沟通，以及如何预防未来可能出现的冲突？

DeepSeek

一、宿舍关系紧张可能的原因分析

1. 生活习惯差异

宿舍成员可能来自不同的地域或家庭背景，在作息时间、卫生习惯、物品使用规则等方面存在天然差异。例如：有人习惯早睡早起，有人喜欢熬夜；有人注重个人空间整洁，有人随意使用他人物品。这种差异若缺乏沟通，容易积累矛盾。

2. 沟通方式不当

小误会未及时解决，可能与“回避型沟通”或“攻击性表达”有关。例如：用指责性语言（如“你总是吵到我”）代替描述自身感受（如“我最近睡眠不太好”），容易引发对抗。

3. 心理特质差异

部分学生因成长环境形成以自我为中心、敏感多疑等心理倾向，可能放大矛盾。例如：对室友的无心之言过度解读，或对隐私问题（如经济状况、情感生活）缺乏边界感。

4. 缺乏共同规则

……

在本案例提示词中，用户首先明确了用户的身份与当前面临的困境——与室友关系紧张，并指出问题根源在于小误会未及时解决；接着详细描述了这种紧张

关系对自己学习和生活的影响，增强了问题的紧迫感；最后提出了两个具体的需求：分析原因与提供实用的建议，既明确了问题的焦点，也指明了希望得到的帮助方向。这样的提示词写作方式，有助于DeepSeek更准确地理解问题，并提供有效的心理指导。

7.3 使用 DeepSeek 管理日常生活

在快节奏的现代生活中，一个得力的AI助手能够让人们的生活更加便捷和舒适。DeepSeek正是这样一位全能的AI生活助手，它不仅能够提供天气预报和出行建议，还能协助人们管理购物清单、推荐菜谱，甚至还能为旅行规划提供建议，让人们的生活更加丰富多彩。

7.3.1 提供天气出行建议，合理安排

扫码看教学视频

通过简单的对话，DeepSeek能即时提供较为准确的天气预报信息，无论是温度、湿度还是降水概率，它都能一一告知，这对于安排人们的日常出行至关重要。无论是计划晨跑、户外野餐还是长途旅行，用户都能根据DeepSeek提供的天气预报做出更明智的决策。

不仅如此，DeepSeek 还能根据天气情况给出贴心的出行建议。比如，在雨天提醒用户携带雨伞、穿着防水鞋；在炎热的夏日建议用户做好防晒措施、及时补充水分。这些建议既实用又贴心，让用户的出行更加顺利、舒适，相关案例如下。

提示词

我打算这个周末去郊外野餐，你能否帮我查看一下本周末两天的天气预报？我想知道是否会下雨、气温大概是多少，以及是否有大风等需要注意的天气状况。基于这些天气信息，你能给我一些关于是否继续原计划或者需要做哪些准备（比如带上雨具、防晒霜等）的建议吗?

DeepSeek

据潇湘晨报消息，本周末的天气预报如下。

星期六：多云转雷阵雨，西南风4级，气温19℃～27℃。

星期日：中雨，西南风3级转北风4～5级，气温7℃～21℃。

基于以上天气信息，给出以下建议。

1. 是否继续原计划：本周末整体天气状况尚可，有外出野餐的可能性。但星期六可能会有雷阵雨，星期日有中雨，需根据对降雨接受程度和应对准备来决定是否继续原计划。

若不介意在雷阵雨间隙野餐，且做好防雨防雷措施，可按计划进行；若不想受降雨影响，建议更改计划。
2. 准备物品建议
（1）雨具：携带雨伞、雨衣等雨具，以应对可能的降雨，若有雷阵雨，遇雷雨时要及时寻找安全的地方躲避，不要在大树下或空旷处停留。
（2）衣物：周末气温较高，但有风雨，建议穿舒适、透气、防风的衣物，如薄外套、长袖衬衫等，方便根据天气和活动情况增减衣物，同时携带帽子，避免头部被雨淋湿或被大风吹。
（3）防晒用品：因有多云天气，紫外线仍可能较强，带上防晒霜、太阳镜、遮阳帽等防晒用品，保护皮肤和眼睛。
……

在本案例提示词中，用户明确且具体地提出了需求，不仅询问了本周末的天气情况，还详细列出了想要了解的具体信息，如是否下雨、气温状况、是否有大风等，这为DeepSeek提供了明确的回答方向。同时，用户还基于这些信息在提示词中提出了出行建议的需求，使得DeepSeek的回答更加具有针对性。

★专家提醒★

用户可以在提示词中增加一些具体的地点和时间信息，这样 DeepSeek 提供的建议会更加符合个人需求。

7.3.2　提供购物穿搭推荐，时尚购物

扫码看教学视频

当用户需要购买日常用品或计划一次家庭购物时，只需向DeepSeek提供一份购物清单，它就能帮助用户检查是否有遗漏的必需品，并推荐性价比高的商品。不仅如此，DeepSeek还能根据用户的购物习惯和预算，给出合理的购物建议，帮助用户节省开支。

而在穿搭方面，DeepSeek能根据用户的身材特点、肤色及场合需求，提供个性化的穿搭建议。无论是休闲装还是正装，DeepSeek都能为用户搭配出既时尚又舒适的装扮，让用户能够更加自信地展现自己的风采，相关案例如下。

提示词

我准备暑假时去海边度假，想请你帮我准备一份详细的旅行购物清单，包括防晒用品、泳装、沙滩巾等。另外，我希望得到一些关于如何根据不同类型的海滩活动（比如日光浴、散步、水上运动）来挑选合适的服装和配件的建议，这样不仅可以保护自己免受阳光伤害，还能保持时尚感。

DeepSeek

以下是为你精心准备的【海边度假清单及穿搭指南】，兼顾实用性与时尚感，助你尽情享受海滩时光：

一、旅行购物清单（基础版+升级版）

1. 防晒必备（守护健康）

（1）防晒霜：SPF50+PA++++水型（面部+身体各1支）、防晒喷雾（补涂方便）

（2）物理防晒：大檐草编帽（UPF50+）、UV防晒墨镜（偏光镜更护眼）、防晒衣/罩衫（冰丝材质透气）

（3）晒后修复：芦荟胶、补水面膜、保湿喷雾

2. 泳装与沙滩装备

（1）泳衣：2～3套（分体式+连体式，建议选择快干材质）

（2）沙滩巾：速干大尺寸（推荐土耳其棉，轻便吸水）

（3）沙滩包：防水帆布托特包（容量大+可折叠）

（4）鞋履：防滑沙滩凉鞋（洞洞鞋）、人字拖（轻便）

……

在本案例提示词中，用户首先清晰地表达了即将进行的活动（暑假海边度假），并据此提出了具体的购物清单需求（防晒用品、泳装、沙滩巾等），为DeepSeek提供了明确的方向；接着进一步细化需求，提出了根据不同海滩活动挑选服装和配件的建议请求，既考虑到了实用性（保护免受阳光伤害）方面的要求，又兼顾了时尚感方面的需求。这样的提示词写作方式，有助于DeepSeek提供令人满意的购物和穿搭建议。

7.3.3 提供菜谱烹饪指导，享受美食

扫码看教学视频

当用户面对琳琅满目的菜谱无从选择时，DeepSeek能根据用户的口味偏好、饮食需求，以及食材储备情况，推荐合适的菜谱。在烹饪过程中，DeepSeek更像是一位私人厨师，它能提供详细的步骤指导和技巧提示，帮助用户轻松掌握烹饪要领。同时，DeepSeek还能解答用户在烹饪过程中遇到的各种疑问，确保每一道菜都能完美地呈现出来，相关案例如下。

提示词

我打算为女朋友策划一场特别的生日晚餐，希望你能帮我设计一个完整的菜单，包括一道精致的前菜、一道令人印象深刻的主菜，以及一款甜蜜的甜点。考虑到这是一个庆祝场合，我希望能有一些创意性的摆盘技巧和餐桌布置建议，让整个用餐体验更加完美。另外，女朋友对海鲜不过敏，但她不喜欢吃辣，请问有什么好的推荐吗？

DeepSeek

为女朋友策划一场浪漫的生日晚餐，以下是精心设计的菜单与布置方案，结合优雅的摆盘、氛围营造和操作的可行性，确保每一环节都充满心意。

一、前菜：香煎带子佐芒果牛油果塔（精致清爽）

1. 食材

（1）新鲜带子（4～6颗）

（2）成熟芒果、牛油果各1个

（3）薄荷叶、可食用花（如三色堇）

（4）橄榄油、海盐、黑胡椒

2. 做法

（1）用厨房纸吸干带子水分，用盐和黑胡椒调味，以大火将每面煎1分钟，煎至金黄。

（2）将芒果和牛油果切小丁，将薄荷叶切碎，将二者混合后加少许柠檬汁防氧化。

（3）创意摆盘：用圆形模具将芒果和牛油果丁堆成塔状，顶部放带子，淋橄榄油，撒花瓣和薄荷碎，盘边用酱汁画弧线（可用酸奶+芒果泥调色）。

……

在本案例提示词中，用户首先明确了需求场景——为女朋友策划生日晚餐，然后列出了具体需求，包括完整菜单的设计、创意摆盘技巧和餐桌布置建议，同时考虑了女朋友的口味偏好和食物过敏情况。这种详细且有针对性的提示词描述，能使DeepSeek提供的菜谱推荐和烹饪指导建议更加贴合用户的特定需求。

7.3.4　提供景点旅行规划，畅享假期

扫码看教学视频

无论是寻找热门景点还是小众去处，DeepSeek都能根据用户的兴趣和偏好，为其量身定制一份旅行清单。同时，DeepSeek能详尽地介绍每个景点的特色、历史背景，以及最佳游览时间，让用户的旅行更加丰富多彩。

在旅行规划方面，DeepSeek同样表现出色，它能根据用户的行程时间、预算及交通方式，为用户规划出一条既经济又高效的旅行路线。同时，DeepSeek还能提供实用的旅行小贴士，如当地美食推荐、住宿选择，以及安全注意事项，让用户的旅行更加安心、愉快，相关案例如下。

提示词

我计划进行为期一周的家庭旅行，请帮我寻找一个理想的度假目的地。家中有两位小朋友，分别是5岁和12岁。我希望找到一个既能满足孩子们的玩乐需求（比如动物园、主题公园），又能让我们大人享受轻松时光的地方。你能推荐几个这样的目的地吗？除了目的地，请给出每个地方的具体游玩项目、住宿建议及交通方式的选择。

DeepSeek

根据您的需求（兼顾儿童娱乐与成人休闲、一周行程安排），结合2月底的天气特点，我为您推荐以下4个国内外目的地，并提供详细的行程规划。
一、国内推荐：广州长隆度假区（2月日均温度18℃～25℃）
游玩亮点
1. 长隆野生动物世界（2天）
（1）5岁儿童：考拉保育员体验、熊猫村互动课堂
（2）12岁少年：金蛇秘境探索+动物行为观察课程
（3）成人：空中缆车观景下午茶、夜宿白虎套房体验
2. 长隆欢乐世界+水世界（1.5天）
（1）亲子共玩：超级水战巡游（需备防水装备）
（2）青少年限定：垂直过山车+火箭过山车挑战
（3）成人放松：椰林温泉池+池畔SPA
3. 飞鸟乐园生态研学（1天）
特色项目：湿地观鸟科考船、夜探萤火虫秘境
……

在本案例提示词中，用户首先清晰地表达了家庭旅行的计划和需求，特别是强调了家中有小朋友这一关键信息，以及孩子们和大人的不同需求；接着详细列出了希望DeepSeek提供的信息，包括目的地推荐、具体游玩项目、住宿建议和交通方式选择，这种细致的要求有助于DeepSeek提供更加实用的旅行规划建议。

7.3.5 提供娱乐游戏攻略，休闲娱乐

扫码看教学视频

娱乐休闲是生活的重要组成部分，它不仅能够让人们放松身心，还能激发大家的创造力和想象力。有了DeepSeek这个AI助理的陪伴，娱乐休闲与游戏世界会变得更加丰富多彩，让用户的生活更加有趣、有料。

无论用户是电影爱好者，抑或是游戏发烧友，DeepSeek都能为其提供个性化的娱乐建议。DeepSeek能根据用户的喜好，推荐合适的电影、电视剧或游戏，让用户的闲暇时光更加充实有趣。对游戏玩家来说，DeepSeek更是一个不可多得的攻略助手，它能为用户提供详尽的游戏攻略，帮助用户解决游戏中的难题，提升游戏水平，相关案例如下。

提示词

我平时很喜欢读书和看电影，但最近感觉自己看的内容有点单一了。我特别喜欢科幻和

悬疑类型的作品，你能否给我推荐一些近期出版的好书或值得一看的经典小说？同时，关于电影方面，有什么新上映或被低估的科幻或悬疑电影推荐吗？如果可能的话，也请分享一下为什么这些作品值得一读或一看。

DeepSeek

根据你的兴趣方向，我会从科幻/悬疑新书、经典小说、电影推荐3个维度为你整理一份兼顾多样性和深度的清单，并附上推荐理由。

一、近期新书&值得关注的科幻/悬疑作品

1.《挽救计划》（安迪·威尔）

推荐理由：《火星救援》作者新作，硬核科幻包裹温情内核。以科学细节破解星际危机，主角与外星生物的跨物种合作充满智性美感，结局的反转将人类文明的意义推向哲学高度。

2.《记忆旅行者之妻》（奥黛丽·尼芬格）

推荐理由：时间循环+悬疑爱情，女主丈夫因基因缺陷在时空中随机跳跃，两人用笔记传递线索破解命运谜题。非线性叙事与情感张力并存，比《时间旅行者的妻子》更具悬疑感。

3.《暗夜之河》（悬疑短篇集）

推荐理由：8位亚洲作家合著的平行时空悬疑故事集，包含“地铁末班车消失的乘客”“镜像世界的连环杀手”等脑洞单元，短篇结构适合碎片化阅读，东西方悬疑手法交融。

……

在本案例提示词中，用户首先明确了自己在娱乐休闲方面的喜好，即科幻和悬疑类型的书籍和电影，然后提出了具体的需求，即推荐好书和经典小说，以及新上映或被低估的电影。另外，在提示词中用户还进一步要求DeepSeek分享推荐理由，这有助于它提供更深入、更有价值的建议。

7.3.6　指导兴趣社交活动，丰富生活

扫码看教学视频

DeepSeek这一创新性的AI助理，正逐渐融入人们的日常生活，成为大家培养兴趣与策划社交活动的得力伙伴。无论用户对何种兴趣爱好充满热情，DeepSeek都能为其提供个性化的培养建议。从绘画、音乐到编程、手工艺，DeepSeek都能根据用户的兴趣和目标，推荐适合的学习资源和活动，帮助用户不断提升自我。

同时，DeepSeek还是社交活动策划的能手，它能根据用户的需求和喜好，策划独特的聚会、旅行或其他社交活动，让用户的生活更加丰富多彩。DeepSeek还能提供活动安排、场地选择、参与人员沟通等全方位的支持，确保用户的活动顺

利进行，相关案例如下。

提示词

我最近迷上了手机摄影，但作为一个完全的新手，我不太清楚应该从哪里开始，你能给我提供一些手机摄影入门的基本技巧吗？比如构图、光线运用等方面。另外，对初学者来说，你有什么机型推荐吗？预算大约在5000元。还有，有没有什么线上或线下的摄影社区或活动可以参加，以便与其他摄影爱好者交流经验和作品？

DeepSeek

恭喜你踏入手机摄影的有趣世界！作为一个新手，你提出的问题非常精准，下面我会从技巧、设备推荐和社群资源3个方向为你梳理建议，内容会尽量简洁实用。

一、手机摄影入门核心技巧

1. 构图：让画面“会说话”

（1）三分法（黄金分割）：打开手机网格线，将主体放在交叉点或线条上（如地平线对齐下1/3线）。

（2）留白与呼吸感：拍人像时头顶留出空间，拍风景时保留天空或水面的延伸感。

（3）引导线构图：利用道路、栏杆、光影线条将视线引向主体。

（4）打破常规：尝试俯拍美食、仰拍建筑，或利用镜面、玻璃反光制造对称感。

2. 光线：自然的“滤镜”

（1）黄金时刻：日出后1小时、日落前1小时，光线柔和且色彩层次丰富。

……

在本案例提示词中，用户首先明确了自己的兴趣点——手机摄影，并指出了自己是新手的状态，这为DeepSeek提供了精准的帮助定位；接着从技巧学习、设备选择到社交活动参与3个方面提出了具体需求，不仅要求提供摄影技巧，还希望获得机型推荐和社交资源信息。这样的提示词写作方式，有助于DeepSeek提供更全面、更有针对性的帮助，满足用户培养兴趣和社交的需求。

第8章

活动策划：DeepSeek 赋能创意与执行

在当今竞争激烈的市场环境中，活动策划不仅是企业营销战略的重要组成部分，更是连接品牌与消费者情感的桥梁。本章将深入探讨DeepSeek如何赋能活动策划，从创意生成到执行落地，全方位提升活动策划的效率与质量，助力企业在激烈的市场竞争中脱颖而出。

8.1 使用 DeepSeek 赋能活动策划

DeepSeek作为一种强大的大型语言模型，能够在活动策划中提供多方面的支持，帮助企业和组织更高效地设计、执行和优化活动。从活动主题的创意生成到受众分析，从预算规划到资源分配，DeepSeek都能提供精准、高效的解决方案。

本节将详细阐述DeepSeek在活动策划中的各项功能，帮助活动策划者更加自信地面对各种挑战，策划出更加精彩纷呈的活动。

8.1.1 生成活动主题与创意方案，独具匠心

扫码看教学视频

活动主题与创意是营销推广的核心，决定了活动的吸引力和参与度。一个成功的活动需要有独特的主题、吸引人的口号，以及创新的互动形式，这要求策划者深入了解目标受众的兴趣点，并结合品牌定位设计出引人注目的内容。

DeepSeek能够通过分析行业趋势、历史数据和目标受众偏好，快速生成多个具有吸引力的活动主题和创意方案。另外，DeepSeek还可以提供具体的互动环节建议，帮助策划者设计出更具参与感的活动形式。用DeepSeek生成活动主题与创意文案的相关案例如下。

提示词

我是一家科技公司的市场经理，计划举办一场以“人工智能”为主题的线下沙龙，请你生成5个不同的活动主题，并为每个主题设计3个创新的互动环节，确保活动既能吸引技术爱好者，又能让普通观众感兴趣。

DeepSeek

以下是5个精心设计的AI主题沙龙方案，每个主题均设计了包含技术深度与大众趣味结合的互动环节，满足不同受众的参与需求。

主题一：AI超能生活实验室

核心价值：零距离体验AI技术如何重塑衣食住行

互动环节

1. 智能穿搭魔镜（混合现实体验）

观众通过增强现实（Augmented Reality，AR）设备扫描体型后，AI算法即时生成个性化穿搭方案，并展示虚拟试衣效果，普通观众可拍照分享社交媒体。

2. 味觉解码挑战赛（物联网联动）

参与者品尝神秘食品后，AI根据面部微表情分析偏好，推荐定制化食谱，技术爱好者可现场查看算法决策树。

3. 未来家居攻防战（黑客马拉松变体）
小组在限定时间内破解/加固模拟智能家居系统，普通组使用预设工具包，技术组可进行代码级攻防。
主题二：AI伦理剧场
……
每个环节均配置技术解读屏与趣味导览卡，确保不同背景的参与者都能找到兴趣切入点，同时植入企业技术能力展示触点，实现品牌价值渗透。

在使用DeepSeek生成活动主题时，需要明确目标受众的兴趣点（如技术创新、娱乐体验或社会责任）。同时，策划者可以结合当前的热点话题（如元宇宙、可持续发展等），增加活动的时效性和吸引力。

8.1.2　分析受众目标群体，精准定位

扫码看教学视频

分析受众是策划活动的基础，旨在深入了解目标群体的行为特征、兴趣偏好和消费习惯。精准的目标受众画像可以帮助企业制定更有针对性的策略，提高活动效果。

DeepSeek可以通过整合多源数据（如社交媒体互动、购买行为、问卷调查等），生成详细的目标受众画像。另外，DeepSeek还能识别潜在客户的共同特征，帮助企业更好地理解目标群体的需求。用DeepSeek分析活动受众与目标群体的相关案例如下。

提示词

我是某时尚品牌的活动策划人，我的客户主要是25～35岁的都市女性，请根据她们的消费习惯和兴趣爱好，为即将到来的秋冬新品发布活动提供建议，并描述理想参与者的画像。

DeepSeek

秋冬新品发布活动建议
1. 目标人群画像
• 年龄：25～35岁
• 性别：女性
• 地域：都市
• 职业：白领、自由职业者、创意工作者等
• 生活方式：追求品质生活，注重个人形象，关注时尚潮流，乐于尝试新鲜事物
• 消费习惯：注重性价比，愿意为设计和品质买单，容易被种草，喜欢线上、线下结合购物
• 兴趣爱好：时尚、美妆、旅行、摄影、美食、艺术、文化等

2. 活动主题（根据品牌调性和新品特点拟定）：
- “邂逅冬日浪漫”（主打温暖浪漫风格）
- “解锁摩登新姿态”（主打个性潮流风格）
- “质感生活，由此开启”（主打简约优雅风格）

3. 活动形式
- 线下体验

沉浸式主题空间：打造与主题契合的沉浸式体验空间，例如冬日花园、都市丛林、艺术画廊等，设置拍照打卡点，吸引参与者拍照分享。

……

5. 其他建议
- 注重细节：从邀请函、现场布置到伴手礼，每个细节都要体现品牌调性和活动主题。
- 数据收集：通过线上、线下渠道收集参与者信息，为后续营销活动提供数据支持。
- 活动效果评估：对活动效果进行评估，总结经验教训，为下次活动提供参考。

希望以上建议能够帮助您策划一场成功的秋冬新品发布活动！

策划者需要提供尽可能多的历史数据或背景信息，以便DeepSeek生成更准确的活动受众画像。另外，策划者还需要关注细分市场，例如让DeepSeek按地域、职业或生活方式来划分活动的目标群体。

8.1.3 规划活动预算资源，合理分配

扫码看教学视频

预算是活动策划中不可或缺的一部分。详细的预算规划包括各项费用支出，如场地租赁、设备租赁、人员费用、宣传费用等。合理的预算控制能够确保活动的顺利进行，并避免不必要的浪费。

另外，策划者还需要根据活动的举办时间与地点来分配资源。活动时间应考虑到参与者的日程安排和便利性，地点则需要满足活动的规模和需求，同时确保交通便利和易于到达。

DeepSeek能够基于活动规模、目标和历史数据，协助策划者制定合理的预算分配方案，并优化资源配置。用DeepSeek规划活动预算与资源的相关案例如下。

提示词

我正在为一家初创企业策划一次为期两天的创业论坛，请分析类似规模活动的成本结构，并帮我估算活动总预算。同时，请提供一些活动时间和地点安排的相关建议，确保活动预算的最大化利用。

DeepSeek

一、活动成本结构分析（适用于150～200人规模的创业论坛）

以下是典型成本构成及占比（基于一线城市标准，单位：人民币）。

……

预估总预算范围

- 基础版：12万～15万（压缩嘉宾费用、选择郊区场地、简化物料）
- 中档版：18万～22万（平衡质量与成本，邀请2～3位行业知名嘉宾）
- 高配版：25万以上（市中心高端场地+头部嘉宾+全渠道宣传）

二、时间与地点安排建议

时间策略

1. 避开高峰期

- 选择9月—10月或3月—4月（非节假日、避开夏季高温和年底会议旺季）
- 工作日举办（场地租金比周末低20%～30%）

2. 日程设计

……

地点策略

1. 场地选择优先级

- 交通的便利性：地铁1千米内覆盖80%参会者（降低因位置导致的缺席率）
- 空间的灵活性：优选可分区的场地（如主会场+2～3个小会议室，便于分论坛和私密洽谈）

……

通过以上策略，可在保证活动质量的前提下，将成本控制在中档版预算区间（约18万），并实现品牌曝光、资源对接、潜在客户转化的三重目标。

★ 专 家 提 醒 ★

策划者可以让 DeepSeek 根据活动的核心目标，优先分配资源到关键领域（如宣传或嘉宾邀请）。同时，还可以让 DeepSeek 留出一定比例的备用预算，应对突发情况或额外需求。

8.1.4　设计宣传文案，吸引关注

扫码看教学视频

宣传文案是吸引目标受众的关键工具。优秀的文案不仅能传递信息，还能激发人们的情感共鸣，从而提高活动的曝光度和参与率。

DeepSeek不仅可以撰写吸引人的宣传文案、社交媒体帖子和电子邮件模板，提升活动的吸引力，还能根据目标受众的语言风格和文化背景调整内容，确保信息的有效传递。用DeepSeek设计活动宣传文案的相关案例如下。

提示词

我需要为一场公益跑步活动设计宣传文案，请撰写一段适合在微信公众号发布的文章开头，并附带一句引人注目的标题。文案需强调活动的社会意义和个人价值，鼓励更多的人参与。

DeepSeek

标题

《脚步丈量善意，心跳共振希望！2025“益起跑”公益挑战赛：你的每一步都在点亮困境儿童的未来》

微信公众号开篇文案

你奔跑的清晨，是他们人生的破晓时刻！

当你的跑鞋与跑道相触，扬起的不仅是尘埃——

每一千米，都将转化为山区教室的一盏明灯；

每一次呼吸，都在为残障儿童康复计划注入氧气。

这不是一场普通的跑步！

• 个人价值MAX（最大限度的）：定制AI体能分析报告+碳足迹勋章，见证你从“健身小白”到“公益跑者”的蜕变。

• 社会意义可视化：实时直播善款流向（每1千米=15元定向捐助）。

即刻行动

3月15日前报名，可解锁【企业配捐加成卡】——你的汗水价值翻倍！

（例：完成10千米=150元基础捐助+企业追加150元）

名额递减预警：首批200个公益席位已占67%，你与改变世界的距离只剩一次点击→立即锁定参赛资格。

策划者可以让DeepSeek使用情感化的语言，增强文案的感染力。另外，还可以让DeepSeek在宣传文案中加入明确的行动号召（Call-to-Action），例如“立即报名”或“分享给好友”。

8.1.5 实时调整反馈与建议，确保顺利

扫码看教学视频

实时反馈机制可以帮助企业在活动进行中及时发现问题并做出调整，确保活动顺利进行，这种灵活性对于大型活动尤为重要。

DeepSeek可以实时分析活动期间的反馈数据（如社交媒体评论、问卷调查结果），提供即时调整建议。另外，DeepSeek还能根据舆情动态提供相应的解决方案，帮助活动团队快速应对负面评价或突发情况。用DeepSeek实时调整活动反馈与建议的相关案例如下。

提示词

活动已经开始，但社交媒体上出现了一些关于签到流程缓慢的抱怨，请分析出现问题的原因，并提出5个具体的改进措施，以便后续活动更加顺畅。同时，关于如何通过社交媒体安抚受影响的参与者，请提供一些建议。

DeepSeek

问题分析

签到流程缓慢可能由以下原因导致。

1. 技术问题：签到系统可能无法处理大量并发请求，导致响应缓慢或崩溃。

2. 流程设计不合理：签到步骤过于烦琐，或信息填写要求过多，导致每位参与者耗时过长。

3. 人员不足：现场工作人员数量不足，无法高效处理签到流程。

……

改进措施

1. 优化技术系统

• 提前进行压力测试，确保系统能够处理高并发请求。

• 使用云服务或负载均衡技术，提升系统的稳定性和响应速度。

……

社交媒体安抚建议

1. 及时回应：迅速在社交媒体上发表声明，承认问题并表达歉意，表明正在积极解决。

2. 提供解决方案：告知参与者已采取的改进措施，如增加工作人员、简化流程等，并承诺后续活动会更加顺畅。

……

通过这些措施，可以有效缓解参与者的不满情绪，并提升活动的整体体验。

策划者可以定期监控活动的反馈数据，并使用DeepSeek来快速响应用户关切。另外，策划者还可以使用DeepSeek提前准备多个应急预案，以降低突发事件对活动的影响。

8.1.6　生成总结与复盘报告，积累经验

扫码看教学视频

总结与复盘报告是对活动效果的全面评估，旨在发现成功之处和改进的空间，为未来的活动积累经验。DeepSeek可以整合活动期间收集的数据（如注册人数、实际到场人数、社交媒体互动量和问卷反馈），生成详细的总结报告，并指出需要改进的地方。用DeepSeek生成活动总结与复盘报告的相关案例如下。

提示词

春节庆典活动已经结束，请根据收集到的数据（如注册人数、实际到场人数、社交媒体互动量和问卷反馈），生成一份详细的活动总结报告，并指出3个需要改进的地方，同时提出具体的改进建议。

DeepSeek

2025春节庆典活动总结报告
（数据周期：2025.02.08—2025.02.24）
一、核心数据概览
本次活动共吸引了32158人注册，实际到场24731人（转化率76.9%），略低于行业平均转化率（82%）。
社交媒体表现亮眼，“#AI春联挑战赛”话题阅读量突破1.2亿次，超预期目标180%。问卷回收率达41.7%，有效反馈显示：87.6%参与者对AR庙会（满意度9.2/10）和无人机灯光秀（9.5/10）给出超高评价，但18～25岁群体流失率高达29.3%，成为主要转化缺口。
……
三、3大待改进环节
1. 预约系统抗压能力不足
问题：除夕当天因瞬时流量超载，系统崩溃23分钟，导致12%用户无法扫码入园。
根因：服务器峰值并发处理能力仅5000次/秒，未启用云计算弹性扩容机制。
建议：
• 采购阿里云弹性算力服务，支持20万次/秒并发处理。
……
报告生成时间：2025年2月25日 18：00

需要注意的是，策划者在活动结束后应尽快收集数据，确保DeepSeek生成信息的完整性和准确性。同时，策划者还需要将DeepSeek复盘报告中的改进点转化为具体的行动计划，指导未来活动的优化。

8.2 DeepSeek在活动策划中的应用

在数字化转型的浪潮中，AI活动正逐渐成为各行业推广与互动的新宠。本节将深入探讨如何用DeepSeek策划不同行业的精彩活动，揭示AI在推动商业活动策划发展方面的巨大潜力。

8.2.1　策划美食创意活动，味蕾盛宴

扫码看教学视频

美食创意活动旨在通过新颖的主题、独特的菜品设计和互动形式吸引目标受众，提升品牌知名度或促进销售。这类活动包括主题餐饮体验、烹饪比赛、美食节等。DeepSeek能够为美食创意活动提供全面支持，包括生成活动主题、分析目标受众偏好、优化菜单设计，以及制定宣传策略等。用DeepSeek策划美食创意活动的相关案例如下。

提示词

我计划举办一场美食创意摆盘大赛，请生成3个创意主题，并策划合适的菜品类型和互动环节，吸引年轻爱好者参与。

DeepSeek

美食创意摆盘大赛主题及建议

主题一：“舌尖上的艺术馆”

1. 理念

将美食与艺术结合，鼓励参赛者以名画、雕塑、建筑等为灵感进行摆盘创作，打造可食用的艺术品。

2. 菜品类型

• 甜品：蛋糕、慕斯、巧克力雕塑等，易于造型和搭配色彩。

• 冷盘：刺身、沙拉、火腿拼盘等，注重食材本身的色彩和纹理。

……

3. 互动环节

• “名画猜猜猜”：展示摆盘作品，观众猜测灵感来源的名画，答对者可获得小礼品。

• “美食艺术家”：邀请专业厨师或艺术家进行现场摆盘演示，并与观众互动交流。

……

主题二：“奇幻美食之旅”

1. 理念

以世界各地的美食文化为主题，鼓励参赛者运用不同国家和地区的特色食材和烹饪手法，打造充满异域风情的摆盘作品。

……

希望以上建议能帮助您举办一场成功的美食创意摆盘大赛！

★ 专 家 提 醒 ★

策划者需要明确活动目标（如提升品牌曝光度或销售额），以便DeepSeek提供更贴合需求的建议。另外，在策划阶段可以多测试不同的主题和形式，选择反馈最佳的活动方案并实施。

8.2.2 策划Vlog短视频活动，记录精彩

扫码看教学视频

Vlog短视频活动是一种通过短视频的形式吸引用户参与、互动并传播品牌价值的营销方式。这类活动通常结合创意主题、挑战任务或用户生成内容（User Generated Content，UGC）模式，鼓励参与者创作和分享自己的视频作品。

DeepSeek能够为策划者提供全面支持，包括生成创意活动主题、分析目标受众偏好、优化活动规则设计，以及推荐宣传渠道，确保活动既能激发用户的创作热情，又能有效地传播品牌信息。用DeepSeek策划Vlog短视频活动的相关案例如下。

提示词

我需要为一个旅游App设计一场以“周末旅行”为主题的Vlog短视频活动，请提供3个创意任务，并设置奖励机制以吸引更多的用户参与，例如最受欢迎短视频获得免费旅行券。

DeepSeek

以下是为旅游App设计的3个创意Vlog任务及配套奖励机制方案，兼顾趣味性、传播性和用户参与深度。

创意任务设计

1. 任务名称：《36小时奇遇记》

玩法：用户需用视频记录从周五晚6点到周日早6点的周末旅行全程，要求必须包含以下内容。

• 1个本地人推荐的隐藏景点
• 1次与陌生人的互动（如问路/拼桌）
• 1个“哇！原来还能这样玩”的惊喜瞬间

亮点：时间限制增强挑战性，社交元素提升真实感

2. 任务名称：《美食盲盒之旅》

……

运营配套策略

1. 流量助推：每周精选20条短视频在App开屏页轮播
2. 社交裂变：分享到朋友圈可解锁AR版旅行明信片
3. 长尾价值：优质内容自动进入“城市探索基因库”，未来用户搜索该地点时优先展示

通过任务设计降低创作门槛，用阶梯式奖励覆盖各类用户，同时将优质内容反哺到产品生态，形成从短期活动到长期内容沉淀的完整闭环。

★ 专 家 提 醒 ★

在策划 Vlog 活动时，可以借助 DeepSeek 生成多个主题选项，确保活动内容新颖且符合目标受众的兴趣。例如，结合季节、节日或热点话题设计主题。

8.2.3　策划艺术展览活动，传播文化

扫码看教学视频

艺术展览活动是一种通过展示艺术品、互动体验和文化分享来吸引观众参与的文化活动。这类活动通常结合主题策展、艺术家互动和公众教育，旨在提升品牌文化价值或促进艺术传播。

DeepSeek能够生成艺术展览活动的创意主题、分析目标受众偏好、优化展览布局和推荐宣传渠道。另外，DeepSeek还可以结合市场趋势和竞品案例，建议适合的互动形式和营销策略，确保活动既能吸引观众兴趣，又能实现文化与商业价值的双重提升。用DeepSeek策划艺术展览活动的相关案例如下。

提示词

我正在策划一场针对年轻群体的艺术展览活动，请分析目标受众的兴趣点，并提供一份包含5种新兴艺术形式的灵感清单，帮助我设计更符合年轻人审美的展览活动方案。

DeepSeek

针对年轻群体（18～35岁）的艺术展览策划，需结合其追求体验感、社交属性和价值共鸣的特点，以下是系统性分析及创新方案。

目标受众核心兴趣点分析

1. 数字化沉浸体验

• 97%的Z世代将科技互动视为艺术展的必要元素（Arts Council数据）

• 偏好多感官融合的场域化体验，如气味装置与动态光影的结合

……

新兴艺术形式灵感清单（含技术实现方案）

1. 生态机械共生装置

• 技术突破：活体菌丝电路板+可降解机器人

……

策展动线设计策略

1. 前厅设置“数字图腾柱”：扫描观众面部生成专属文化符号，作为贯穿展览的视觉线索

……

衍生价值体系

• 学术维度：与MIT媒体实验室合作开发展览技术白皮书

……

该方案通过创造技术奇观与文化深度的平衡，构建符合“数字原住民”认知范式的艺术体验系统，在保证社交传播的同时植入可持续发展价值观，形成具有长期影响力的文化事件。

★ 专 家 提 醒 ★

策划者可以利用 DeepSeek 分析竞品展览数据，发现独特的卖点和潜在的改进空间，结合当地的文化特色设计展览活动的内容，增强活动吸引力。

8.2.4 策划电商大促活动，提升业绩

扫码看教学视频

电商大促活动是电商平台或品牌通过限时折扣、满减优惠等形式吸引消费者购买的营销活动，这类活动需要精心策划，包括主题设计、促销策略优化、用户分群和渠道推广等环节。成功的电商大促不仅能够提升销售额，还能增强用户黏性。

DeepSeek可为电商大促活动提供全方位的支持，如生成创意主题、分析目标用户行为、预测销售趋势和优化广告投放策略。DeepSeek能结合历史数据与市场动态，生成个性化的促销方案，并实时调整活动细节以应对突发情况，帮助商家最大化活动效果。用DeepSeek策划电商大促活动的相关案例如下。

提示词

为一家电子产品店设计一场以“新品首发”为主题的电商大促活动，请预测出相应的热门商品，并提供备货数量和定价策略等建议。

DeepSeek

以下是针对电子产品店“新品首发”主题电商大促活动的设计方案，结合市场趋势、消费者的需求和技术热点进行预测和建议。

一、热门商品预测与选品逻辑

1. 核心新品（首发主推）

……

2. 潜力爆款（搭配引流）

• AR眼镜（轻量化消费级）：元宇宙概念热度，科技尝鲜用户需求

……

二、备货策略建议

备货公式参考

预估销量=历史同期爆款销量×市场增长率×流量曝光系数（新品建议×1.5）

……

三、定价策略与促销设计

……

通过以上策略，可实现新品曝光最大化（预计首页流量提升40%）、库存周转率优化（目标周转周期≤15天）、客单价提升（通过套装销售目标增长25%）。建议活动前两周启动社交媒体种草（抖音开箱视频+知乎技术测评），同步与支付平台合作“24期免息分期”降低消费门槛。

★ 专 家 提 醒 ★

在策划电商大促活动时，策划者可以使用 DeepSeek 分析历史大促活动的数据，识别高转化率的促销形式。同时，还可以让 DeepSeek 结合实时库存数据调整活动策略，避免缺货或积压。

8.2.5 策划校园运动会活动，激发活力

扫码看教学视频

校园运动会是学校组织的体育赛事活动，旨在促进学生身心健康、增强团队协作精神并展示竞技风采。策划一场成功的校园运动会需要明确活动目标、设计趣味性与竞技性兼具的比赛项目，并确保资源分配合理、参与度高。

在策划校园运动会时，DeepSeek可以用来生成创意主题、分析学生兴趣偏好、优化赛程安排和推荐宣传方式，确保活动顺利进行并达到预期效果。用DeepSeek策划校园运动会活动的相关案例如下。

提示词

你是一名活动策划人，需要为高校运动会设计一个特别的开幕式活动，请生成一份包含表演节目和互动环节的详细活动方案。

DeepSeek

以下是为高校运动会设计的开幕式活动方案，以“燃动青春·聚力未来”为主题，融合科技感、文化传承与体育精神，时长约90分钟。

一、活动结构概览

时间轴：18：30—20：00

环节构成：

暖场互动→升旗仪式→领导致辞→主题表演→运动员入场仪式→火炬传递仪式→开幕式收尾

二、核心环节设计

1. 科技光影启幕（18：30—18：40）

• 无人机矩阵表演

……

该方案通过虚实融合的技术手段突破传统的开幕式形式，既保留体育盛典的仪式感，又注入Z世代（指1995年至2009年出生的一代人）的数字基因，建议根据学校具体预算和场地条件调整科技应用层级，保留核心的文化表达与互动设计。

★ 专 家 提 醒 ★

除了开幕式活动，策划者还可以利用 DeepSeek 生成个性化的邀请函或通知模板，提高活动的宣传效率。

8.2.6 策划产品发布会活动，展示风采

扫码看教学视频

产品发布会是企业向市场和用户展示新产品或服务的重要活动，旨在传递产品价值、吸引媒体关注并促进销售转化。成功的发布会需要精心设计主题、演讲内容和互动环节，同时确保目标受众的参与感和传播效果。

在策划产品发布会活动时，DeepSeek可以帮助策划者制定精准的营销策略，并通过实时反馈调整活动细节，确保发布会达到预期效果，提升品牌影响力。用DeepSeek策划产品发布会活动的相关案例如下。

提示词

你是一名专业的活动策划人，需要为汽车发布会设计一个特别的开场秀活动，请生成一份结合灯光、音乐和动态影像的详细活动方案，突出新车的设计理念。

DeepSeek

未来驾驶·光影交响曲——XX品牌全新概念车发布会开场秀方案

一、核心设计理念

主题：“光影流动，未来之境”

呼应新车“流体雕塑设计语言”与“智能生态驾驶”理念，通过光轨模拟空气动力学线条，音乐构建科技人文交响，影像演绎人车自然共生场景。

二、分幕式沉浸体验设计

第一幕：时空序章——光影矩阵觉醒（2分钟）

•灯光：

……

效果预期：通过多维度感官同步叙事，将冷硬的工业设计转化为可感知的艺术语言，使媒体传播素材自带电影级视觉基因，社交媒体传播率预估提升40%以上。

需要深化细节或调整技术参数，可随时提供专项方案优化。

策划者可以使用DeepSeek的“联网搜索”功能分析汽车行业趋势，确保发布会活动的主题与市场热点紧密结合。另外，还可以结合目标用户的驾驶场景，使用DeepSeek优化发布会活动的演讲内容，突出产品的适用性。

第9章

数据分析：DeepSeek 助力精准决策

在当今这个数据（DATA）驱动的时代，数据分析已成为企业决策不可或缺的重要工具。然而，面对海量且复杂的数据，如何精准地提取有价值的信息，并据此做出明智的决策，成了众多企业面临的难题。本章将深入探讨DeepSeek如何通过其独特的功能和优势，提升数据分析的准确性和效率，进而帮助企业实现决策精准性的飞跃。

9.1 使用 DeepSeek 赋能数据分析

在当今这个数据爆炸的时代，如何高效地利用数据成为企业竞争的关键。DeepSeek具有强大的数据分析能力，正逐步成为企业分析数据的得力助手。本节将详细介绍如何使用DeepSeek来赋能数据分析，通过掌握这些技能，企业不仅能够更好地了解市场趋势和用户需求，还能在竞争中占据先机，实现可持续发展。

9.1.1 搜索产品市场数据，把握动态

扫码看教学视频

搜索产品市场数据是指收集和分析与特定产品相关的市场信息，包括消费者的需求、竞争对手的动态、市场趋势和销售数据等。DeepSeek不仅提高了企业收集数据的效率，还能帮助企业及时把握市场机会，做出更明智的决策，从而增强竞争优势。用DeepSeek搜索产品市场数据的相关案例如下。

提示词

现在你是一个数据检索程序，你需要找到并梳理[中国奶茶行业发展]相关的数据，注意你需要附上数据对应的来源。此外，请注意你需要在输出结果中标明部分生成的数据可能存在偏差。

DeepSeek

中国奶茶行业发展数据梳理

1. 市场规模

• 2022年市场规模：中国奶茶市场规模约达到1500亿元人民币。

• 来源：艾瑞咨询《2022年中国新式茶饮行业研究报告》

• 2023年预计市场规模：预计将超过1800亿元人民币。

• 来源：前瞻产业研究院《2023—2028年中国奶茶行业市场前瞻与投资战略规划分析报告》

2. 消费者群体

• 年龄分布：18～30岁消费者占比超过70%。

……

结论

中国奶茶行业近年来发展迅速，市场规模持续扩大，消费者需求多样化，品牌竞争激烈。未来，随着健康化、定制化趋势的加强，奶茶行业有望继续保持高速增长。

注意：以上数据仅供参考，实际市场情况可能因多种因素而有所变化。

在搜索产品市场数据时，用户在提示词中明确了具体产品（如“中国奶茶行业发展”），可以帮助DeepSeek聚焦搜索范围，确保生成的文案紧扣主题。在提

示词中，用户还指明了“附上数据对应的来源”，这样可以提高信息的可信度，助力企业精准决策，提升竞争优势。但需要用户注意的是，数据可能存在偏差，需验证来源的可靠性。

9.1.2 设计数据可视化方案，直观呈现

扫码看教学视频

将数据转化为图形或图表的形式，可以更直观地呈现信息和发现数据之间的关系，这种方法有助于人们快速了解复杂的数据集，为做出决策提供支持。DeepSeek能够分析数据类型，推荐合适的图表形式，如柱状图、折线图或饼图，并提供创建图表的步骤和工具建议，这不仅提高了数据可视化的质量和有效性，还节省了时间。用DeepSeek设计数据可视化方案的相关案例如下。

提示词

请你为一家电商公司设计销售数据的可视化图表方案，重点展示各产品线的季度销售趋势和用户购买行为，以便于制定营销策略。

DeepSeek

电商公司销售数据可视化方案

目标：通过可视化图表展示各产品线季度销售趋势和用户购买行为，为制定营销策略提供数据支持。

数据来源：电商平台销售数据，需包含时间、产品类别、产品身份证标识号（Identity Document，ID）、用户ID、订单金额、购买数量等信息。

可视化工具：Tableau、Power BI、Python（Matplotlib/Seaborn）等。

图表类型及分析维度如下。

一、季度销售趋势

1. 折线图：

- *X*轴：时间（按季度划分）。
- *Y*轴：销售额/销售量。
- 图例：不同的产品线。
- 分析：展示各产品线季度销售额/销售量变化趋势，识别增长/下降趋势明显的产品线。

……

总结：通过以上可视化方案，可以直观地展示电商公司各产品线的季度销售趋势和用户购买行为，为制定精准有效的营销策略提供数据支持。

在设计数据可视化方案时，DeepSeek通过分析“电商公司”的特定需求，如“各产品线的季度销售趋势”和“用户购买行为”，精准地推荐图表形式与展示

重点。同时，提示词中明确了数据可视化方案的方向与焦点，有助于DeepSeek生成高度定制化、信息丰富的图表方案，为营销策略的制定提供有力的支持，确保可视化图表的有效性与实用性。

9.1.3 创建与分析用户画像，了解需求

扫码看教学视频

创建与分析用户画像，是指通过分析用户的行为、兴趣等信息，构建详细的用户档案，以便于企业了解目标受众。DeepSeek能够根据已有的数据和市场趋势，帮助企业识别用户的关键特征，并生成具体的用户画像，以及个性化的分析和建议，使企业能够更精准地定位客户需求，提升客户体验和满意度。用DeepSeek创建与分析用户画像的相关案例如下。

提示词

为一家在线教育平台创建用户画像，重点分析不同年龄段用户的学习需求和偏好，以便优化课程内容和推广策略。

DeepSeek

为在线教育平台创建细分用户画像时，需结合不同年龄段用户的学习目标、行为习惯及偏好，制定具有针对性的策略。以下是分年龄段画像及优化建议。

1. 儿童群体（3～12岁）

核心需求

• 启蒙教育（语言、数学、科学基础）

• 兴趣培养（绘画、音乐、编程启蒙）

• 家长关注：安全性、趣味性、能力提升

偏好特征

• 互动性强：动画、游戏化课程（如AI互动答题）

• 短时高频：单节课时长10～15分钟，避免注意力分散

• 家长决策：需提供学习报告和进度追踪功能

优化方向

• 课程设计：与热门知识产权（Intellectual Property，IP）合作（如小猪佩奇、奥特曼），开发主题课程。

• 推广策略：通过母婴社群、教育类KOL（Key Opinion Leader，关键意见领袖，如抖音/快手育儿博主）推广试听课，强调"寓教于乐"。

……

通过以上画像细分，平台可精准匹配用户需求，提升转化率和用户黏性。最终需结合用户反馈持续迭代，例如针对"职场妈妈"等交叉群体进一步细化服务。

在这个案例的提示词中，强调了“在线教育平台”“分析不同年龄段用户的学习需求和偏好”，这些提示词为DeepSeek提供了清晰的目标群体。具体提示词如“学习需求”和“推广策略”可以帮助DeepSeek生成针对性的内容，通过深入了解用户特征，DeepSeek能够优化课程内容，并制定有效的市场推广策略。

9.1.4　分析用户行为数据，洞察趋势

扫码看教学视频

分析用户行为数据是指通过收集和解读用户在产品或服务上的互动数据，以了解他们的偏好、习惯和需求，有助于企业识别用户的痛点，优化用户体验，并提高产品的市场适应性。DeepSeek能够帮助企业识别用户的关键行为指标，揭示潜在的用户趋势，并提供具有针对性的优化建议，从而增强客户的满意度和忠诚度。用DeepSeek分析用户行为数据的相关案例如下。

提示词

为某个社交媒体应用分析用户行为数据，重点关注用户的互动频率和使用时长，以便优化推荐算法和增强用户参与度。

DeepSeek

针对社交媒体应用的用户行为分析，以下是一套系统化的分析框架和优化策略，旨在提升推荐算法效果和用户参与度。

1. 数据采集与预处理

关键数据维度

· 互动行为：点赞、评论、分享、私信、关注、内容发布频率。

· 使用时长：单次会话时长、日/周总使用时长、高频使用时段。

· 用户画像：年龄、性别、地理位置、设备类型、注册时长。

· 内容特征：内容类型（视频/图文）、主题标签、热度（点赞/评论数）。

· 上下文数据：访问时段、网络环境（Wi-Fi/移动数据）。

数据清洗

· 剔除机器人账号（如高频无意义互动账号）。

· 处理缺失值（如插值法或剔除异常记录）。

2. 用户分群与行为洞察

……

最终需持续关注用户反馈与技术前沿（如生成式AI用于内容摘要），保持策略动态迭代。

在这个案例的提示词中，强调“社交媒体应用”关注“互动频率”和“使用时长”，这为DeepSeek提供了具体的分析方向。通过识别这些关键行为指标，DeepSeek能够生成具有针对性的文案，优化推荐算法，提升用户参与度。

★ 专家提醒 ★

采用 DeepSeek 生成数据驱动策略，不仅有助于识别用户痛点，还能增强客户的满意度与忠诚度，使企业更好地适应市场变化。

9.1.5 解读与洞察数据趋势，预测未来

扫码看教学视频

解读与洞察数据趋势是指通过分析历史和当前数据，识别出潜在的模式、变化和发展方向，有助于企业理解市场动态、消费者的行为和竞争态势，从而做出更具前瞻性的决策。DeepSeek能够帮助企业进行数据分析，识别关键趋势，提供深入的洞察和建议，制定有效的发展战略。用DeepSeek解读与洞察数据趋势的相关案例如下。

提示词

为市场研究团队解读用户满意度调查的数据趋势与洞察，重点识别影响客户忠诚度的关键因素，以支持改进服务和产品开发。

DeepSeek

用户满意度调查数据趋势与洞察：聚焦客户忠诚度关键因素

一、数据概览

· 调查时间范围：[插入时间范围]

· 调查样本量：[插入样本量]

· 调查对象：[描述目标用户群体]

· 调查方式：[例如：线上问卷、电话访谈等]

· 关键指标：

……

五、下一步行动

· 深入分析：对关键因素进行更深入的分析，例如：进行用户细分，分析不同用户群体的需求差异。

· 持续监测：建立客户满意度监测机制，定期跟踪关键指标的变化趋势。

· 闭环管理：将改进措施落实到具体的产品和服务中，并持续跟踪改进效果。

六、结论

通过对用户满意度调查数据的分析，我们识别出了影响客户忠诚度的关键因素，并提出了相应的改进建议。相信通过持续改进产品和服务，我们能够提升客户满意度，增强客户忠诚度，最终实现业务的持续增长。

在这个案例的提示词中，“用户满意度调查”的重点主要是识别“影响客户忠诚度”的关键因素，这为DeepSeek提供了明确的分析目标。通过聚焦这些提示

词，DeepSeek能够生成深入的洞察与建议，指导企业改进服务和产品开发，这样的数据分析不仅提升了决策的前瞻性，还能增强客户的忠诚度和满意度。

9.1.6　分析平台数据调整策略，优化运营

扫码看教学视频

分析平台数据并调整策略是指对平台中的数据进行深入挖掘，以识别趋势和问题，并据此优化业务决策。使用DeepSeek可以加速数据分析过程。DeepSeek可以提供直观的洞察结果，帮助企业快速识别关键数据点。用DeepSeek分析平台数据并调整策略的相关案例如下。

提示词

请分析以下平台数据：用户活跃度下降10%、广告点击率提升15%。总结原因，提出调整策略建议，确保提高用户留存率和增强广告效果。

DeepSeek

数据分析与原因总结

1. 用户活跃度下降10%可能的原因

· 用户体验受损：广告展示频率、位置或形式调整（如插屏广告、长视频贴片）可能干扰用户的核心操作，导致使用意愿降低。

· 内容质量/推荐算法问题：用户对推荐内容的兴趣下降（如重复内容、低质信息），或社区氛围恶化（如负面评论增多）。

· 技术问题：App卡顿、加载慢、闪退等技术故障影响使用的流畅性。

· 外部竞争/季节性因素：竞品推出新功能吸引用户，或节假日用户行为模式变化。

2. 广告点击率提升15%可能的原因

· 广告策略优化：定向更精准（如基于用户画像、行为数据）、广告形式创新（如互动广告、原生广告）或激励广告（如点击得奖励）。

……

预期结果

通过上述策略，预计可实现以下目标。

· 用户活跃度回升：3个月内减少5%～8%的活跃度跌幅，核心用户留存率提升10%。

· 广告效果可持续增长：点击率维持10%以上增幅，同时转化率提高20%，降低用户对广告的抵触情绪。

· 平台生态健康度提升：内容消费时长增加，用户自发分享率提高，形成良性循环。

执行重点：优先通过A/B测试验证策略的有效性，建立数据监控仪表盘，实时跟踪关键指标，快速迭代优化方案。

在这个案例的提示词中，“用户活跃度下降10%”与“广告点击率提升15%”为DeepSeek提供了明确的分析方向。聚焦这些提示词，DeepSeek能够迅速

总结原因，识别潜在的问题，并生成具有针对性的调整策略与建议，从而增强企业的整体业务绩效。

9.2 DeepSeek 在数据分析中的应用

DeepSeek能够深入挖掘数据背后隐藏的信息，为各行各业提供精准的决策支持。本节将通过一系列实际案例，详细探讨DeepSeek在数据分析中的具体应用，揭示其如何助力企业实现智能化决策，优化业务流程，创造更大的价值。

9.2.1 进行市场数据分析，评估潜力

扫码看教学视频

市场数据分析是企业了解行业趋势、竞争对手动态及目标受众需求的重要手段，为制定营销策略和商业决策提供依据。通过分析市场规模、消费者行为、产品表现等数据，企业可以发现潜在的机会并规避风险。

DeepSeek能够助力市场数据分析，快速整合多源数据（如社交媒体、销售记录、竞品报告），生成洞察报告。DeepSeek可识别关键趋势、预测市场变化，并帮助企业优化资源配置。用DeepSeek进行市场数据分析的相关案例如下。

提示词

我需要为一款智能手机新产品进入市场做准备，请分析目标地区（如北京、上海）的消费者偏好和购买力水平。

DeepSeek

智能手机新产品进入北京、上海市场分析

为了帮助你为智能手机新产品进入北京和上海市场做好准备，我将从消费者偏好和购买力水平两个方面进行分析。

一、消费者偏好

1. 品牌认知度高：北京和上海消费者对智能手机品牌有较高的认知度，倾向于选择知名品牌。新品牌进入市场需要投入大量资源进行品牌建设。

2. 注重产品性能和体验：两地消费者对智能手机的性能和体验要求较高，关注处理器、内存、屏幕、摄像头等硬件配置，以及系统流畅度、拍照效果、游戏体验等软件体验。

3. 追求时尚和个性化：北京和上海消费者追求时尚和个性化，对手机的外观设计、颜色、材质等有较高的要求，倾向于选择能够彰显个人品位的产品。

……

四、其他建议

· 关注北京和上海的政策法规，确保产品符合当地市场准入要求。

· 与当地渠道商和零售商建立合作关系，拓展销售渠道。
· 关注市场动态和竞争对手动向，及时调整市场策略。
希望以上分析能够帮助你更好地了解北京和上海智能手机市场，为新产品进入市场做好准备。

使用DeepSeek结合历史数据与实时信息，可以提高数据分析的准确性。另外，用户还可以针对特定市场或细分领域，在DeepSeek的提示词中设置精准的数据筛选条件。

9.2.2　进行销售数据分析，提升业绩

扫码看教学视频

销售数据分析是通过分析历史销售数据、客户行为和市场趋势，帮助企业优化销售策略、提升业绩的过程。它涉及多个维度，如产品表现、销售渠道效率、客户购买模式等。有效的销售数据分析能够揭示潜在的增长机会并指导资源分配。

DeepSeek可以快速处理大规模数据集，生成深入的洞察。DeepSeek能识别销售趋势、预测未来的需求，并推荐具有针对性的改进措施。用DeepSeek进行销售数据分析的相关案例如下。

提示词

你是一家电商平台的数据分析师，请分析过去一年的销售数据，找出销售额最高的产品类别及其驱动因素。

DeepSeek

要分析过去一年的销售数据，并找出销售额最高的产品类别及其驱动因素，可以按照以下步骤进行。
1. 数据收集与整理
首先，确保你拥有过去一年的完整销售数据，包括以下关键字段。
· 订单ID：唯一标识每个订单。
· 产品ID：唯一标识每个产品。
· 产品类别：产品所属的类别（如电子产品、服装、家居用品等）。
· 销售额：每个订单的销售额。
· 订单日期：订单的日期。
· 客户信息：如客户ID、地区、年龄等（可选）。
· 促销信息：是否有促销活动（如折扣、优惠券等）。
2. 数据清洗
……

示例输出

假设分析结果显示“电子产品”是销售额最高的类别，驱动因素包括以下几项。

1. 季节性促销：在“双11”期间，电子产品销售额增长了50%。

2. 高价值客户：20%的高价值客户贡献了60%的电子产品销售额。

3. 热门产品：某品牌的智能手机和笔记本电脑占据了电子产品销售额的30%。

建议：

· 在未来的促销活动中，重点推广电子产品的热门品牌。

· 针对高价值客户推出专属折扣或会员计划，提高客户忠诚度。

· 增加库存，特别是在促销季前，以满足高需求。

通过以上步骤，你可以系统地分析销售数据，找出销售额最高的产品类别及其驱动因素，并为业务决策提供数据支持。

★ 专 家 提 醒 ★

在用 DeepSeek 分析销售数据时，可以结合季节性因素分析销售波动，从而制订更精准的促销计划。另外，还可以通过 DeepSeek 整合多渠道销售数据，全面评估店铺或产品的整体表现。

9.2.3 进行客户数据分析，改进体验

扫码看教学视频

客户数据分析是通过分析客户行为、偏好和反馈，帮助企业深入了解客户需求、优化用户体验并提升客户忠诚度的过程，它涵盖客户分群、购买路径分析、满意度评估等多个方面。精准的客户数据分析，能够为企业提供定制化营销和服务策略。

DeepSeek在客户数据分析中发挥了重要作用，它可快速处理海量数据，生成详细的客户画像和行为洞察。DeepSeek支持细分市场分析，识别高价值客户群体，并预测客户流失风险。用DeepSeek进行市场数据分析的相关案例如下。

提示词

我正在研究如何提高客户留存率，请你识别出导致客户流失的关键因素，并提供改进措施。

DeepSeek

客户留存率是衡量企业健康度的关键指标之一。要提高客户留存率，需要系统地分析客房流失的原因并采取具有针对性的改进措施。以下是客户流失的六大关键因素及对应的解决方案框架。

一、客户流失核心动因分析

1. 价值感知失衡

· 52%客户因产品价值不符合预期而流失（Qualtrics数据）。

·产品功能与宣传承诺存在差异。
·使用过程中未达成预期效果（如SaaS产品未提升运营效率）。
2. 客户体验断层
……
建议优先部署客户旅程分析工具（如WalkMe）和体验管理平台，通过数字化的客户心声（Voice of the Customer，VoC）系统捕捉实时反馈。同时，注意平衡自动化干预与人工服务的比例，针对不同客群设置差异化的留存策略。
关键成功要素：将客户留存指标分解到各职能部门（产品、客服、营销），建立以客户生命周期价值（Customer Lifetime Value，CLV）为核心的考核体系，确保组织协同。

★ 专 家 提 醒 ★

使用 DeepSeek 结合客户历史数据，可以构建动态客户画像以支持个性化营销。另外，还可以借助 DeepSeek 生成情感分析报告，快速捕捉客户情绪趋势。

9.2.4 进行财务数据分析，增加盈利

扫码看教学视频

财务数据分析是通过分析企业的收入、支出、利润和现金流等关键指标，评估企业财务健康状况并支持企业动态调整策略的过程，它涉及预算管理、成本控制、投资回报率分析等多个方面。精准的财务数据分析，能够帮助企业优化资源配置、提升盈利能力。

DeepSeek能识别财务趋势、预测未来的资金需求，帮助企业动态调整策略，确保达成财务目标。用DeepSeek进行财务数据分析的相关案例如下。

提示词

你是一家制造企业的财务分析师，需要为公司制订下一年度的财务计划，请预测未来的收入增长和成本变化趋势。

DeepSeek

作为财务分析师，要制订下一年度的财务计划时，需要综合考虑多种因素来预测未来的收入增长和成本变化趋势。以下是一个系统的分析框架，可以帮助您进行预测和规划。
1. 收入增长预测
a. 市场分析
·行业趋势：研究所在行业的整体增长趋势。例如，制造业是处于扩张期、稳定期还是衰退期？宏观经济环境（如通货膨胀率等）对行业的影响如何？
·市场需求：分析公司主要产品的市场需求变化。是否有新产品推出？现有产品的市场需求是否增加？竞争对手的市场份额变化如何？
·客户分析：了解主要客户的采购计划和预算变化。是否有大客户增加或减少订单？客户的支付能力是否稳定？

b. 销售预测

· 历史数据：基于过去几年的销售数据，分析销售增长率。需要考虑季节性波动、经济周期等因素。

……

通过以上步骤，您可以系统地预测未来的收入增长和成本变化趋势，并为公司制订一个稳健的财务计划。

DeepSeek不仅可以从各个角度提供财务数据分析建议，还可以通过情景模拟评估不同经济环境下的财务表现，全面分析市场变化对财务的影响。

9.2.5 进行A/B测试分析，优化策略

扫码看教学视频

A/B测试是一种通过对比两个或多个版本的表现来优化产品、营销活动或用户体验的方法，广泛应用于网页设计、广告文案、定价策略等领域，可以帮助企业找到最佳方案以提升转化率或用户满意度。

DeepSeek可以在A/B测试的设计与分析中提供强大的支持，快速生成测试假设、分配实验组和对照组，并实时监控关键指标变化。DeepSeek支持复杂数据分析，识别显著性差异，并预测不同方案的长期影响。另外，DeepSeek还能简化结果解读，为企业提供科学决策依据。用DeepSeek进行A/B测试分析的相关案例如下。

提示词

你是一名产品经理，请设计一个A/B测试方案，比较两种按钮颜色对用户点击率数据的影响，并提供最佳的选择建议。

DeepSeek

A/B测试方案设计：按钮颜色对点击率的影响

1. 测试目标

明确验证两种按钮颜色（如红色、蓝色）对用户点击率（Click Through Rate，CTR）的影响，并基于数据选择最优方案。

2. 核心假设

· 零假设（H_0）：两种颜色的按钮点击率无显著差异。

· 备择假设（H_1）：某一种颜色的按钮点击率显著更高。

3. 实验设计

3.1 变量定义

· 自变量：按钮颜色（A组：红色；B组：蓝色）。

· 因变量：点击率（CTR=点击次数/曝光量）。

……
7. 最终报告模板
markdown
1. 测试结论：B组（蓝色）CTR显著高于A组（红色），提升21.6%（p=0.01）。
2. 建议：采用蓝色按钮，预计每月新增XX次点击（根据流量估算）。
3. 风险：需评估颜色对品牌认知的长期影响。
4. 后续计划：迭代测试按钮形状+颜色的组合效果。
关键成功因素：严格控制变量、确保样本的代表性、排除外部干扰（如节日活动）。
工具推荐：Google Analytics（埋点）、FigPii（可视化热图辅助分析）。

★ 专 家 提 醒 ★

使用 DeepSeek 设定明确的测试目标和关键指标，可以确保结果具有指导意义。另外，借助 DeepSeek 推荐的统计工具验证结果显著性，能够提高可信度。

9.2.6　撰写数据分析报告，提供依据

扫码看教学视频

数据分析报告是对收集到的数据进行系统分析后得出的文档，旨在总结关键发现、提出见解并支持决策过程。使用DeepSeek撰写数据报告可以提高工作效率，快速生成结构化内容，确保逻辑清晰，它能帮助用户整合数据结果、分析趋势，并用简洁的语言表达复杂的信息，使报告更加专业和易于理解。用DeepSeek撰写数据分析报告的相关案例如下。

提示词

请根据以下数据生成一份数据分析报告：销售额增长20%、客户满意度提升15%、市场份额增加5%。总结主要发现，分析原因，并对未来的策略提出建议。

DeepSeek

数据分析报告
一、主要发现
1. 业绩显著增长
· 销售额同比增长20%，表明业务扩张效果显著。
· 市场份额增加5%，市场竞争力逐步增强。
· 客户满意度提升15%，客户忠诚度与品牌口碑改善明显。
2. 正向关联效应
· 客户满意度提升与销售额增长呈强相关性（满意度提高推动复购率与客单价提升）。
· 市场份额扩张验证了市场策略的有效性，可能得益于竞争品牌份额的流失或新客户的获取。

二、核心原因分析

1. 销售额增长驱动因素

· 产品与服务优化：可能推出高需求新品或改进现有产品功能（例如，技术创新或用户体验升级）。

· 营销效率提升：精准营销活动（如数字化广告投放、社交媒体推广）或促销策略（限时折扣、会员权益）拉动短期消费。

· 客户留存率提高：满意度提升促使老客户复购率提升，形成稳定的收入来源。

2. 客户满意度提升的原因

· 服务质量改进：客户服务响应速度加快（如24小时在线客服）、售后服务流程优化（退换货政策简化）。

· 产品价值感知增强：通过提升产品质量或捆绑增值服务（如免费培训、延保服务）提升客户体验。

……

四、总结

当前增长趋势表明企业在产品、服务与市场策略上取得阶段性成功。未来需聚焦客户价值深化、市场精细化运营及创新能力建设，以应对竞争加剧与客户需求变化，实现可持续增长。

报告撰写日期：2025年XX月XX日

数据周期：2024年2月—2025年2月（示例）

在这个案例的提示词中，用户向DeepSeek提供了具体的数据，如“销售额增长20%”“客户满意度提升15%”“市场份额增加5%”，为DeepSeek生成报告提供了清晰的基础。通过聚焦这些提示词，DeepSeek能够快速整合数据、分析原因，并提出相关策略和建议，从而生成结构化且逻辑清晰的内容，有助于决策者迅速把握关键趋势。

★ 专家提醒 ★

DeepSeek 为人们撰写数据分析报告提供了强大的支持，它能够自动生成结构化报告框架，整合多源数据并生成专业的报告。DeepSeek 支持自然语言生成技术，将数据分析结果转化为流畅的文字描述，并可根据受众需求调整报告风格。

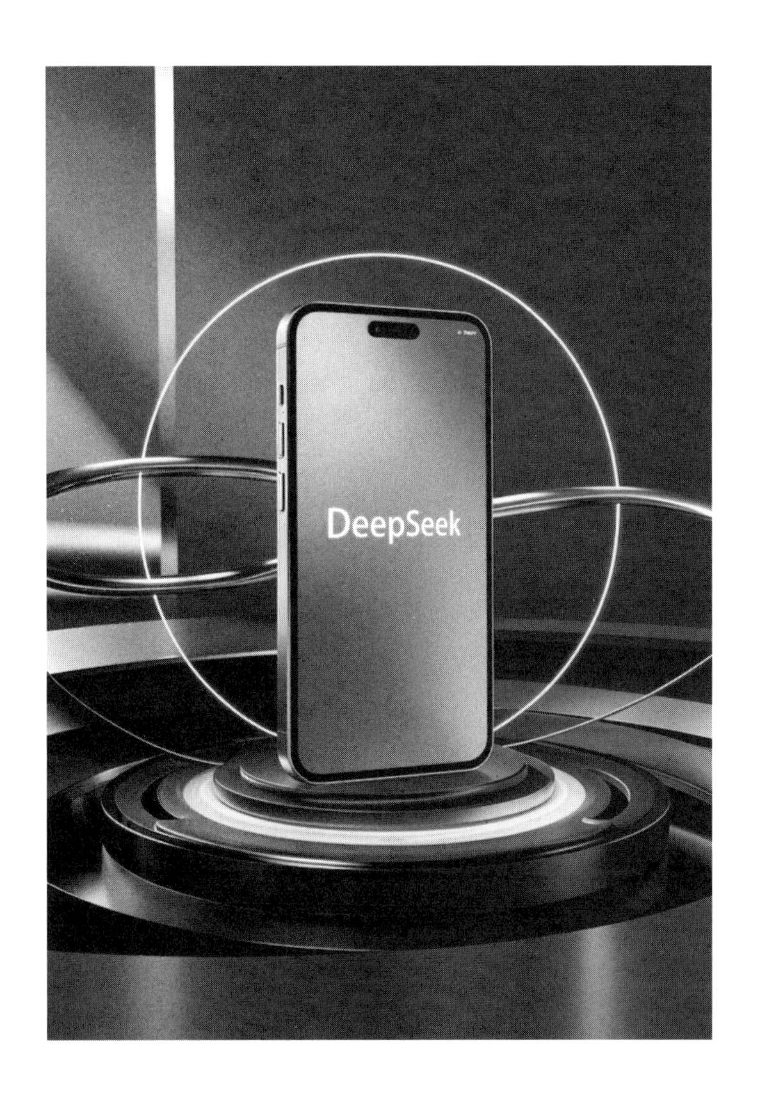

第10章 营销推广：DeepSeek 助力业绩飙升

在当今竞争激烈的市场环境中，营销推广已成为企业提升业绩、扩大品牌影响力的关键手段。本章将深入探讨DeepSeek在营销推广中的应用与价值，揭示其如何帮助企业精准地定位目标客户、优化推广路径，从而在激烈的市场竞争中脱颖而出，赢得更广阔的发展空间。

10.1　使用 DeepSeek 赋能营销推广

DeepSeek作为一种强大的语言模型，能够为营销推广提供多方面的支持，帮助企业和品牌更高效地制定策略、优化执行并提升效果。本节将详细阐述DeepSeek如何赋能营销推广，助力企业构建以数据驱动的营销策略，从而在激烈的市场竞争中占据先机，实现业绩的持续增长。

10.1.1　分析目标受众，精准营销

扫码看教学视频

目标受众分析是营销推广的核心环节，旨在深入了解潜在客户的特征、需求和行为模式。通过精准的受众分析，企业可以优化产品设计、制定具有针对性的营销策略并提升转化率。

DeepSeek可以通过分析客户数据（如购买行为、兴趣偏好、社交媒体互动等），生成精准的目标受众画像，帮助企业更好地了解潜在客户。用DeepSeek分析目标受众的相关案例如下。

提示词

我需要一份关于18～35岁年轻消费者的兴趣偏好分析，请挖掘他们的社交媒体互动数据，并生成详细的报告。

DeepSeek

18～35岁年轻消费者兴趣偏好分析报告
一、概述
本报告旨在分析18～35岁年轻消费者的兴趣偏好，通过挖掘社交媒体互动数据，洞察其消费行为趋势，为品牌营销提供参考。
二、数据来源及方法
• 数据来源：微博、微信、抖音、B站、小红书等主流社交媒体平台。
• 数据时间范围：2024年1月1日—2024年12月31日。
……
六、未来趋势
• 短视频营销：短视频将成为品牌营销的重要阵地。
• 直播电商：直播电商将继续保持高速增长。
• 私域流量：品牌将更加注重私域流量的运营，提升用户忠诚度。
七、结论
18～35岁年轻消费者是消费市场的主力军，其兴趣偏好呈现出多元化、个性化、社交化等特征。品牌需要深入了解目标用户群体，制定精准的营销策略，这样才能在激烈的市场竞争中脱颖而出。

免责声明：本报告基于公开数据进行分析，仅供参考，不构成任何投资建议。

DeepSeek能够快速处理海量数据，支持多维度数据分析，如人口统计信息、兴趣偏好、购买行为等，帮助企业构建全面的用户画像。另外，企业可以结合外部数据源（如社交媒体、市场调研报告）丰富DeepSeek的分析结果，提高分析的准确性。

10.1.2　生成创意内容，引爆话题

扫码看教学视频

创意内容是指通过文字、图像或视频等形式传递信息、吸引受众的营销形式。在营销推广中，创意内容的质量直接影响用户参与度和品牌的影响力。优秀的创意内容需要结合目标受众的兴趣点、行业趋势和品牌调性。

DeepSeek可以撰写吸引人的广告文案、社交媒体帖子、电子邮件模板等内容，提升营销活动的创意性和吸引力。用DeepSeek生成创意内容的相关案例如下。

提示词

我即将推出一款智能手表，请帮我撰写一段适合在小红书平台上发布的推广文案，强调产品的智能功能和时尚设计。

DeepSeek

【智能穿搭新宠上线 | 你的全能高颜值腕间管家来了！】
姐妹们！挖到宝了！
通勤能搭西装，健身秒切运动风
约会直接slay全场（秒杀全场、全场最佳的意思）的智能手表界“六边形战士”
终于被我等到了！！！
【智能内核 24h贴心守护】
……
现在点击左下角预约新品首发
前100名送限量星空表盘+皮质表带
这波入股绝对不亏！！
#智能手表推荐 #黑科技穿搭 #高颜值数码 #通勤好物 #运动装备

DeepSeek能够显著提升创意内容生成的效率与质量，可根据品牌风格调整语气，并结合数据分析提供个性化建议。另外，DeepSeek还具备多语言支持能力，

帮助企业在国际化市场中打造符合当地文化的内容，其强大的文本优化功能可确保内容更具吸引力和传播力。

★ 专 家 提 醒 ★

在使用 DeepSeek 生成创意内容时，用户需要明确内容的目标受众和场景，以生成更贴合需求的广告文案。另外，用户可以将 DeepSeek 生成的内容与视觉元素结合，增强整体传播效果。

10.1.3 优化营销策略，提升效果

扫码看教学视频

营销策略优化是指通过分析市场数据、用户行为和竞争环境，调整和改进营销计划以实现更高的投资回报率（Return On Investment，ROI），这包括精准定位目标受众、选择最佳渠道、设计吸引人的内容，以及评估活动效果。

DeepSeek可以根据市场趋势、竞争对手分析和历史数据，提供优化营销策略的建议，帮助企业在竞争中脱颖而出。用DeepSeek优化营销策略的相关案例如下。

提示词

我是一家电商企业的营销经理，请分析我的主要竞争对手在过去3个月内的广告投放策略，并提出我在下一次促销活动中可以采用的独特策略。

DeepSeek

竞争对手广告投放策略分析（过去3个月）

1. 目标受众

• 竞争对手A：专注于年轻群体（18～25岁），强调潮流、个性化和社交分享。

• 竞争对手B：瞄准中高端消费群体（25～40岁），注重品质、服务和品牌形象。

• 竞争对手C：覆盖广泛年龄段（18～45岁），主打价格优势和产品多样性。

2. 投放渠道

• 竞争对手A：以社交媒体平台为主（抖音、小红书、微博），结合KOL/KOC（Key Opinion Consumer，关键意见消费者）营销和短视频广告。

• 竞争对手B：注重搜索引擎营销（Search Engine Marketing，SEM）和信息流广告，同时投放电视广告和户外广告提升品牌知名度。

• 竞争对手C：依赖电商平台站内推广渠道（淘宝直通车、京东快车），并积极参与平台促销活动。

3. 广告内容

• 竞争对手A：创意短视频、用户生成内容（UGC）、互动挑战赛。

……

5. 关注社会责任，提升品牌形象
• 将公益活动融入促销活动，例如每笔订单捐赠一定的金额给慈善机构，提升品牌社会责任感。
• 倡导环保理念，例如使用环保包装、鼓励用户回收旧物等，树立品牌正面形象。
最终策略选择需根据您的产品特点、目标受众和预算等因素进行调整。建议您进行深入的市场调研和数据分析，制定最适合您的促销活动方案。

★ 专 家 提 醒 ★

DeepSeek 能够为营销策略优化提供强大的支持，能够整合多源数据并生成洞察报告，帮助企业识别潜在的机会与风险。另外，还可以将 DeepSeek 的数据分析与创意内容结合，增强营销活动的吸引力。

10.1.4 优化SEO内容，搜索霸屏

扫码看教学视频

搜索引擎优化（Search Engine Optimization，SEO）是通过优化网站内容和结构，提高其在搜索引擎结果中的排名，从而吸引更多有机流量的过程，通常涉及关键词研究、内容质量提升、技术优化等多个方面。

DeepSeek可以分析广告投放数据（如点击率、转化率、成本效益比），优化广告预算分配和渠道选择。用DeepSeek优化SEO内容的相关案例如下。

提示词

我需要为一家旅游网站撰写一篇关于“夏季热门旅行地”的文章，请分析相关关键词，并生成符合SEO规范的内容。

DeepSeek

夏季热门旅行地：逃离酷暑，拥抱清凉与激情！
夏天，是阳光、沙滩、海浪的代名词，也是逃离都市喧嚣、拥抱自然的最佳时机。你是否已经开始规划你的夏日之旅？别担心，我们为你精心挑选了今夏最热门的旅行目的地，从清凉避暑到激情冒险，总有一款适合你！
一、国内避暑胜地
关键词：避暑、清凉、自然风光、休闲度假。
推荐目的地：
• 云南丽江：古城韵味与雪山风光交织，感受纳西族文化，享受夏日清凉。
• 贵州荔波：地球腰带上的“绿宝石”，探秘茂兰喀斯特森林，体验水上森林的清凉。
• 四川九寨沟：人间仙境，五彩斑斓的湖泊、瀑布、雪山，感受大自然的鬼斧神工。
……
SEO优化建议：
• 在文章标题、正文、图片alt属性中合理布局关键词。

• 使用H1、H2等标签突出文章结构，方便搜索引擎抓取。
• 添加相关图片和视频，提升用户体验。
• 在文章结尾添加相关链接，引导用户浏览更多内容。
希望这篇文章能帮助你找到心仪的夏季旅行目的地，祝你旅途愉快！

DeepSee能够生成高质量、符合SEO规范的内容，确保文章结构清晰且关键词分布合理，显著提升SEO内容优化的效率与效果。另外，DeepSeek还支持关键词挖掘与分析，可以帮助用户识别高潜力搜索词及其竞争程度。

10.1.5 管理社交媒体，粉丝暴增

扫码看教学视频

社交媒体是指通过互联网平台促进用户生成内容、互动交流和传播信息的工具，如微信、微博、抖音等。在营销推广中，社交媒体是触达目标受众、提升品牌知名度和促进销售转化的重要渠道。

DeepSeek可以协助用户管理社交媒体账户，包括内容规划、互动回复等。用DeepSeek管理社交媒体的相关案例如下。

提示词

我是一家餐饮品牌的营销顾问，请你帮我生成适合在微信公众平台上发布的故事创意，并推荐最佳发布时间，以提升用户参与度。

DeepSeek

以下是为餐饮品牌设计的微信公众平台故事创意及发布时间策略，结合情感共鸣与互动性提升用户参与度。
故事创意方向
1.《凌晨4点的厨房》——主厨的匠心日记
• 内容：跟拍主厨凌晨备货过程，揭秘招牌菜研发故事（如外婆红烧肉3代传承秘方）。
• 互动：文末发起#我家祖传菜 故事征集，赠代金券。
• 形式：6图+30秒竖版短视频。
……
发布时间策略
1. 常规内容：周三/五20：00—21：30（下班后放松时段）
2. 节庆营销：提前3天+当天10：00（如中秋前发月饼故事）
……
增效技巧
1. 在文末设置“故事盲盒”——随机掉落电子优惠券。
2. 采用“进度条彩蛋”设计（阅读至70%位置解锁隐藏福利）。

……
建议搭配每周发布节奏表。
- 第1周：品牌故事（建立认知）
- 第2周：用户故事（增强共鸣）
……
可定期分析用户停留时长、分享率等数据，重点优化故事开头3秒吸引力（建议前50字加入声音/味觉描写），尾部设计强关联行动指令（如“点击原文预约故事同款套餐”）。

DeepSeek为社交媒体管理提供了全面支持，能够生成创意内容、优化发布时间并分析受众行为。DeepSeek还能通过自然语言处理技术识别用户情感，提供精准的互动建议。另外，DeepSeek的自动化功能可简化社交媒体营销内容的排期与分发流程，确保品牌信息高效触达目标受众。

10.1.6 生成推荐内容，增强黏性

扫码看教学视频

个性化推荐内容是指基于用户行为、偏好和历史数据，向目标受众提供定制化信息或产品建议的营销方式，能够提升用户体验、提高转化率并强化品牌忠诚度。DeepSeek可以根据用户的购买历史和浏览行为，生成个性化的推荐内容，提升用户体验和转化率。用DeepSeek生成推荐内容的相关案例如下。

提示词

有一名用户最近购买了一台咖啡机，请根据他的购买记录和浏览行为，推荐一些相关的产品，并生成一封个性化的促销邮件。

DeepSeek

尊敬的[用户姓名]，
感谢您最近在我们商店购买了一台咖啡机！我们非常高兴能够为您提供高品质的咖啡体验。根据您的购买记录和浏览行为，我们为您精心挑选了一些相关的产品，相信这些推荐能够进一步提升您的咖啡时光。
推荐产品
1. 咖啡豆套装
精选来自世界各地的优质咖啡豆，包括埃塞俄比亚耶加雪菲、哥伦比亚Supremo（苏帕摩，哥伦比亚的一种咖啡豆）和印尼曼特宁，满足您对不同风味的需求。
2. 咖啡研磨机
为了让您享受到最新鲜的咖啡，我们推荐这款高品质的咖啡研磨机，能够根据您的喜好

调整研磨粗细，确保每一杯咖啡都达到最佳口感。
……
特别优惠：
为了感谢您的支持，我们为您准备了一个专属优惠码：XXXXX，在结账时使用此优惠码，即可享受全单9折优惠！优惠有效期至[日期]，赶快行动吧！
点击以下链接查看推荐产品并享受优惠：[推荐产品链接]
如果您有任何问题或需要进一步的帮助，请随时联系我们的客服团队。我们期待为您提供更多优质的产品和服务，让您的咖啡时光更加美好。
祝您咖啡愉快！
诚挚的
[您的商店名称]团队
[联系方式]
[网站链接]
希望这封邮件能够为您提供有价值的信息，并帮助您发现更多喜爱的产品！

★ 专 家 提 醒 ★

DeepSeek在生成个性化推荐内容方面表现出色，能够整合多源数据，分析用户兴趣与需求，并实时生成符合其偏好的内容。这不仅提高了营销推广的效果，还增强了用户的参与感与满意度。

10.2 DeepSeek在营销推广中的应用

在当今这个数据驱动的时代，营销推广已经不再是简单的广告投放，而是需要精准定位、深度洞察消费者需求及高效转化。DeepSeek作为深度学习技术的佼佼者，可以帮助企业实现精准营销，提高广告投放的效果和ROI。

本节将通过几个实际案例，展示DeepSeek在营销推广中的卓越表现，探讨其如何助力企业突破传统营销瓶颈，实现业务增长的新飞跃。

10.2.1 生成产品营销软文，销量飙升

扫码看教学视频

产品营销软文是一种通过讲故事、提供价值或引发情感共鸣的方式，将产品信息融入内容中的文案形式。相比传统广告，软文更注重自然性和吸引力，能有效提升用户对产品的兴趣和信任感。DeepSeek可以生成引人入胜的软文，提升品牌形象。用DeepSeek生成产品营销软文的相关案例如下。

提示词

请作为一名专业的营销人员，写一篇关于全自动雨伞的软文，产品具备一键自动开合功能、高密度防水布、快速干燥、轻巧便携、时尚外观、夜间安全、材料环保等卖点，要求软文主题明确、结构合理、语言简洁、风格统一，以及突出产品或服务的特点和优势。

DeepSeek

标题：一键开启从容雨天体验——XX全自动雨伞，重新定义你的出行仪式感
引言：
你是否经历过这样的场景？暴雨突袭时手忙脚乱撑伞，收伞时水花四溅弄湿衣角，或者拎着笨重的雨伞挤地铁时狼狈不堪……雨天出行，本该是诗意与惬意的代名词，却因传统雨伞的烦琐设计让体验大打折扣。XX全自动雨伞，以智能科技与人性化设计为核心，让雨天成为你展现优雅从容的舞台。
一、一键开合，解放双手的智慧体验
告别传统雨伞的机械操作，XX全自动雨伞搭载智能感应电机，仅需轻触按键，0.8秒完成开合，即使怀抱文件、手提咖啡，也能单手轻松操控。无论是通勤路上突然降雨，还是驾车时快速上下车，一键操作让效率与优雅兼得。
……
结尾：雨天从不该是狼狈的代名词。XX全自动雨伞，用科技重新定义出行体验，让每一场雨都成为你从容生活的注脚。点击下方的链接，限时赠送专属防水收纳袋，从此与湿漉漉的雨天彻底告别！
品牌主张：
XX智能生活——用创新科技，为日常赋予仪式感。

在提示词中可以赋予DeepSeek身份，并明确产品卖点、目标受众等信息，以便DeepSeek生成更具说服力的软文内容。另外，DeepSeek还能分析竞品文案，提取成功要素并融入创作中，帮助企业打造更具竞争力的营销内容。

10.2.2　生成营销策划案，策略制胜

扫码看教学视频

营销策划案是企业为实现特定营销目标而制订的详细计划，涵盖市场分析、目标设定、策略规划、执行步骤和效果评估等内容。

一份成功的营销策划案需要结合数据洞察、创意设计和资源分配。DeepSeek能够快速整合市场趋势、受众分析和竞品数据，生成营销策划案的结构框架和具体建议。用DeepSeek生成营销策划案的相关案例如下。

提示词

我需要为一款季节性产品设计完整的营销策划案，产品为秋季薄外套，请分析目标市场的消费习惯，并提出创意活动形式。

DeepSeek

秋季薄外套营销策划案
一、市场分析
1.目标市场
• 年龄：20～35岁，追求时尚、注重生活品质的年轻群体。
• 性别：男女皆宜，可根据款式设计进行细分。
• 地域：以北方地区为主，兼顾南方地区秋季早晚温差大的需求。
• 消费水平：中等及以上，愿意为品质和设计买单。
• 生活方式：关注时尚潮流，乐于尝试新鲜事物，喜欢户外活动、旅行等。
……
二、营销目标
• 提升品牌知名度：让更多目标消费者了解和关注品牌。
• 促进产品销售：在秋季实现薄外套产品的销量目标。
• 提升品牌形象：塑造时尚、年轻、活力的品牌形象。
三、营销策略
1.产品策略
• 款式设计：紧跟潮流趋势，推出多种款式满足不同消费者的需求，例如：oversize风（以宽松、超大码为特点的穿搭风格）、工装风、运动风等。
……
五、总结
本营销策划案旨在通过精准的市场分析、创新的营销策略和有效的推广手段，提升秋季薄外套产品的市场竞争力，实现品牌知名度和销售业绩的双重提升。

★ 专 家 提 醒 ★

在生成营销策划案时，需要让DeepSeek明确策划案的核心目标，确保所有内容围绕目标展开。另外，还可以让DeepSeek将营销策划案拆分为可执行的小任务，提高落地效率。

10.2.3 生成市场营销计划，抢占先机

扫码看教学视频

在当今激烈的商业竞争中，制订有效的市场营销计划是企业成功的关键，这不仅需要深入了解目标市场和消费者的需求，还需要具备创新的策略和高效的执行力。DeepSeek可以帮助市场营销人员更加快速且精确地制订出符合市场需求的营销计划。用DeepSeek生成市场营销计划的相关案例如下。

提示词

请作为一名市场营销专家，为我制订一份月饼产品的中秋节市场营销计划，需要关注目标市场、竞争情况、产品定位、促销策略和预算分配等细节，同时需要制定合理的营销时间线和效果评估标准。

DeepSeek

月饼产品中秋节市场营销计划

一、目标市场

1. 核心目标人群

• 25～45岁，一、二线城市白领

• 注重生活品质，追求健康、美味、新潮的食品

• 有中秋送礼需求，注重礼盒包装和品牌形象

2. 次级目标人群

• 45岁以上，传统节日观念强

• 注重月饼的口味和性价比

• 对老字号品牌有较高的忠诚度

二、竞争情况

……

八、其他建议

• 关注食品安全和产品质量，确保产品符合国家相关标准。

• 提供优质的售后服务，及时处理客户投诉和建议。

• 根据市场反馈和数据分析，及时调整营销策略。

请注意：以上只是一个通用的营销计划模板，你需要根据自身产品的特点和市场情况进行调整和优化。

希望这份计划能够帮助你制定出成功的月饼产品中秋节市场营销方案！

在提示词中可以赋予DeepSeek市场营销专家的身份，并要求DeepSeek根据产品类型、促销策略、市场情况和特定的节日等细节去制定市场营销计划，以确保生成的营销计划切合实际并具有可行性。

★ 专家提醒 ★

DeepSeek 能够根据行业趋势、竞争对手分析及目标客户群体的特点，生成涵盖目标市场、竞争情况、产品定位、促销策略、预算分配、营销时间线等内容的综合性建议。

10.2.4　生成品牌推广方案，名声大噪

扫码看教学视频

品牌推广方案是企业为提升品牌知名度、增强用户信任和建立长期品牌形象而制订的综合性计划，它涵盖品牌定位、传播渠道选

择、内容创意设计及效果评估等多个方面。DeepSeek在生成品牌推广方案中发挥了重要作用，能够结合市场趋势、目标受众分析和竞品数据，提供定制化建议。用DeepSeek生成品牌推广方案的相关案例如下。

提示词

UU是一个专注于生产运动鞋的品牌，请根据品牌定位生成一份关于UU运动鞋的品牌推广方案，需包含设计理念、目标市场、产品受众和推广策略等内容。

DeepSeek

UU运动鞋品牌推广方案

（以下内容基于品牌定位“科技赋能运动，设计定义潮流”展开）

一、品牌核心定位

口号：Move Beyond Limits（突破极限）

核心理念：以科技创新驱动运动表现，以先锋设计引领潮流文化，打造兼具专业性能与时尚审美的运动鞋品牌。

二、设计理念

1. 科技融合美学

• 功能性：采用自主研发的FlexCore™（这是AI虚拟的一种设计语言概念，大意为缓震技术或弹性核心科技）缓震科技，结合轻量化材料，提升运动时的能量回馈与稳定性。

• 设计语言：极简流线型轮廓+模块化拼接设计，适配都市运动与日常穿搭场景；配色方案以低饱和度撞色为主，强调高级感与未来感。

• 可持续性：鞋面使用30%回收海洋塑料制成的再生聚酯纤维，鞋底采用可降解橡胶，传递环保理念。

2. 场景化产品线

……

结语

UU以“科技赋能运动，设计定义潮流”为核心，通过精准圈层渗透与沉浸式体验，将产品力转化为品牌文化影响力，最终实现从功能性产品到生活方式符号的跃迁。

通过在提示词中提供品牌定位、产品特点和市场需求等信息，可以确保DeepSeek生成的品牌推广方案切合实际情况，并具有创新性。

10.2.5 生成广告投放策略，ROI翻倍

扫码看教学视频

在数字营销时代，精准的广告投放策略是企业吸引目标客户、提升品牌影响力的关键，DeepSeek可以帮助营销人员更有效地制订广告投放计划。DeepSeek能够根据目标受众的特征、市场趋势及竞

争对手分析，提供定制化的广告投放策略建议。用DeepSeek生成广告投放策略的相关案例如下。

提示词

我们需要为一款即将上市的玫瑰沐浴露制作一系列广告，请提供5个不同的广告创意概念，并描述每个概念的核心信息和视觉元素，同时制定相应的广告投放策略。

DeepSeek

玫瑰沐浴露广告创意概念及投放策略

目标受众：追求精致生活、注重个人护理、喜爱花香调的女性。

产品核心卖点：高浓度天然玫瑰精华，持久留香，滋润肌肤，提升魅力。

创意概念：

1. 概念名称：邂逅你的玫瑰人生

核心信息：玫瑰沐浴露不仅是一款清洁产品，更是一种生活态度，它让你每天都能沉浸在浪漫的玫瑰花香中，开启优雅自信的一天。

视觉元素：一位优雅的女性在清晨的阳光中沐浴，玫瑰花瓣随风飘落，画面唯美浪漫。产品包装和玫瑰元素巧妙融合，突出产品的天然和高贵。

投放策略：

• 在社交媒体平台（如微信朋友圈、小红书、抖音等）投放精美的短视频，展现产品使用场景和氛围。

• 与女性时尚美妆博主合作，进行产品测评和推广。

• 在高端商场、写字楼等场所投放电梯广告，精准触达目标受众。

……

总结：

以上5个广告创意概念从不同的角度诠释了玫瑰沐浴露的产品特点和品牌价值，可以根据不同的目标受众和营销目标选择合适的创意进行推广。同时，结合线上、线下多种渠道进行广告投放，能够有效提升品牌知名度和产品销量。

在提示词中明确广告的目标对象和广告创意概念数量，并要求DeepSeek详细描述每个概念的核心信息和视觉元素，可以极大地帮助DeepSeek聚焦在创意开发上，确保它输出的广告投放策略既多样化又具备实施性。

10.2.6 生成店铺促销文案，顾客盈门

扫码看教学视频

店铺促销文案是通过吸引人的语言和优惠信息，激发消费者购买欲望的文字内容，它通常包含产品卖点、折扣信息、活动时间等关键要素，旨在提升销售额和品牌曝光度。使用DeepSeek可以生成富有创意的促

销文案，提升店铺销量。用DeepSeek生成店铺促销文案的相关案例如下。

提示词

本店计划在每月的7日和8日举办会员活动，会员可享受全场9折优惠。请撰写一份店铺促销文案，强调会员特权，并提醒用户注册成为会员以享受优惠。

DeepSeek

【会员专属日 每月7&8日狂欢开启】
亲爱的尊贵会员：
每月7日、8日是专属于您的特权日！
- 全场消费享9折优惠，折上折叠加更划算！
- 新品抢先购，爆款不限量！
- 专属客服通道，购物无忧体验！

非会员速看！
立即扫码注册，30秒解锁全年福利：
- 每月2天会员日折扣
- 消费积分抵现+升级礼遇

……
（活动最终解释权归本店所有）

在提示词中提供活动主题和时间安排，可以确保DeepSeek生成的店铺促销文案清晰且具有吸引力。DeepSeek能够根据店铺的特点、促销活动的内容，以及目标受众的需求，提供从活动主题、优惠信息到呼吁行动的一系列文案建议。

★ 专家提醒 ★

DeepSeek 在生成店铺促销文案时能够结合目标受众的兴趣、市场趋势和竞品分析，快速生成富有吸引力的文案。另外，DeepSeek 还能优化关键词布局，提高文案在搜索引擎中的可见性，同时提供多种文案变体以测试最佳效果。

第11章

工具协作：DeepSeek 强强联合提效

在当今的数字化时代，工具的高效协作已成为提升生产力的关键。本章将探讨DeepSeek与各类领先AI工具的强强联合，展示如何通过协同工作，从生成PPT、图片到视频和歌曲，全方位提升创作效率与质量。

11.1 DeepSeek + 讯飞智文生成 PPT

在办公场景中，PPT是展示创意与逻辑的重要环节。DeepSeek与讯飞智文的协同，能够将烦琐的内容梳理与视觉设计无缝衔接，从生成结构大纲到打造精美的PPT作品，全面提升办公效率与演示效果，让创意更流畅地转化为视觉呈现。

本节以生成一个印刷厂安全生产与职业健康的PPT为例，介绍DeepSeek和讯飞智文的联合用法，生成的PPT效果如图11-1所示。

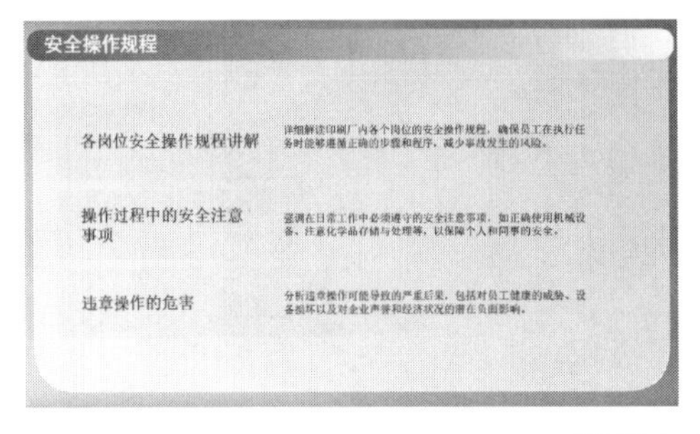

图 11-1　效果展示

11.1.1 生成PPT大纲，清晰架构

扫码看教学视频

在制作PPT的过程中，清晰的大纲是内容的骨架，决定了演示的逻辑与结构。借助DeepSeek的智能分析能力，用户可以快速生成条理清晰的PPT大纲，确保主题明确、层次分明，为后续的视觉设计奠定坚实的基础。下面介绍用DeepSeek生成PPT大纲的操作方法。

步骤 01 在DeepSeek中输入并发送提示词，即可获得对应的大纲内容，相关提示词和回复内容如下。

提示词

请帮C印刷厂生成一个关于“安全生产与职业健康”的PPT大纲，内容涵盖引言、安全生产的重要性、基础知识、职业健康保护、应急管理和结语。

DeepSeek

C印刷厂“安全生产与职业健康”PPT大纲
一、引言（5分钟）
1.1　欢迎词
1.2　会议主题介绍
1.3　会议目标
提高员工安全生产意识
普及职业健康知识
掌握基本应急技能
二、安全生产的重要性（10分钟）
2.1　安全事故案例分享（图片/视频）
印刷行业典型事故案例
……

步骤02 选择生成的大纲内容，在内容上单击鼠标右键，在弹出的快捷菜单中选择“复制”命令，如图11-2所示，即可将其复制一份，以便在讯飞智文中使用。

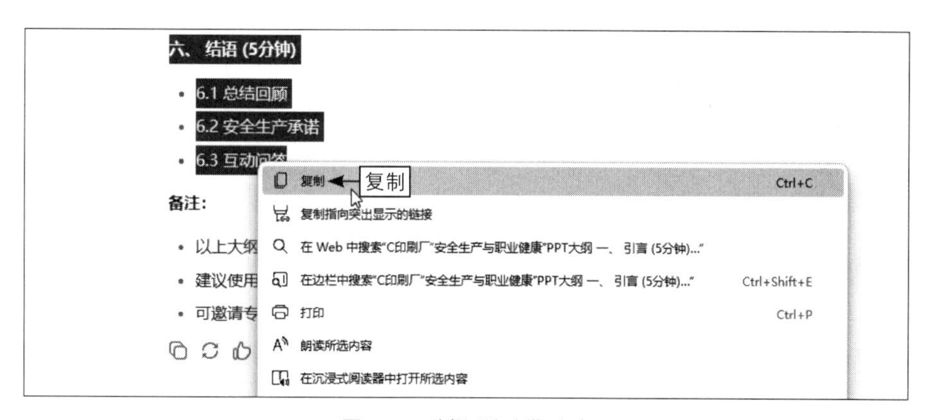

图 11-2　选择“复制”命令

11.1.2　生成PPT作品，精美呈现

扫码看教学视频

完成大纲后，如何将其转化为视觉吸引力强的PPT作品是关键。借助讯飞智文的AI PPT功能，用户能够将DeepSeek生成的大纲自动转化为风格统一、设计精美的PPT页面，让内容以更直观、专业的方式呈现，助力办公场景中的高效演示。下面介绍用讯飞智文生成PPT作品的操作方法。

步骤01 登录并进入讯飞智文的“开始”页面，在左侧的导航栏中，单击AI PPT按钮，如图11-3所示。

步骤02 进入“请选择创建方式”页面，选择“文本创建”选项，如图11-4所示。

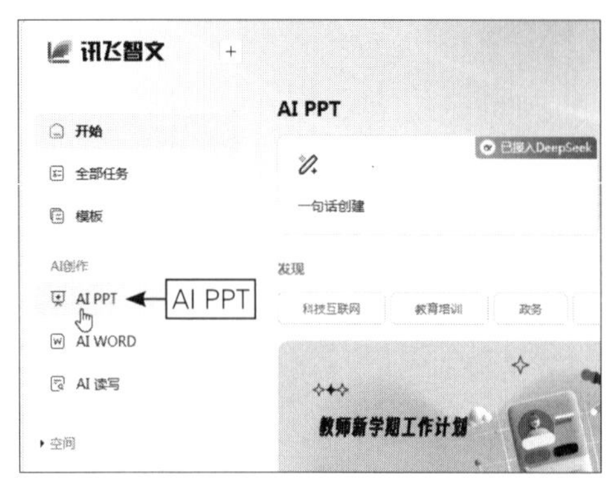

图 11-3　单击 AI PPT 按钮

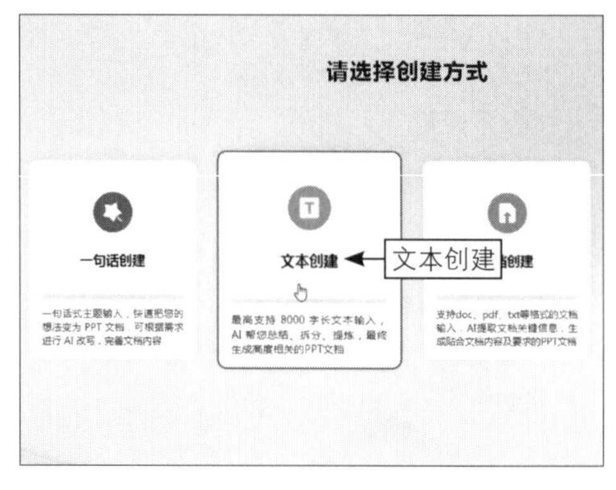

图 11-4　选择“文本创建”选项

步骤03 进入“文本创建”页面，❶在文本框中粘贴大纲内容；❷单击“下一步”按钮，如图11-5所示。

步骤04 稍等片刻，即可获得AI总结提炼的大纲，确认无误后，单击大纲下方的“下一步”按钮，如图11-6所示。

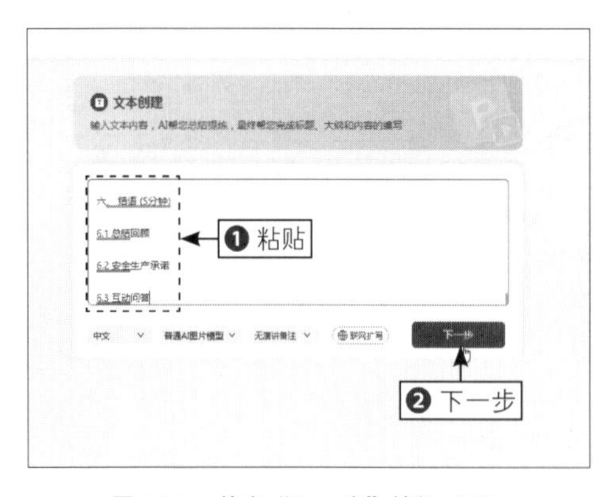

图 11-5　单击“下一步”按钮（1）

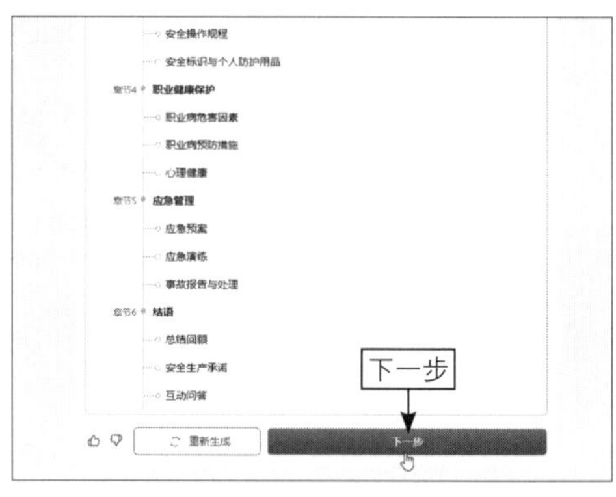

图 11-6　单击“下一步”按钮（2）

步骤05 进入选择模板页面，讯飞智文提供了多种行业、风格和颜色的PPT模板，❶切换至“免费”选项卡；❷选择一个喜欢的PPT模板，如图11-7所示，即可更改PPT的样式。

步骤 06 单击页面右上角的“开始生成”按钮，如图11-8所示，即可开始生成PPT，并进入预览页面。

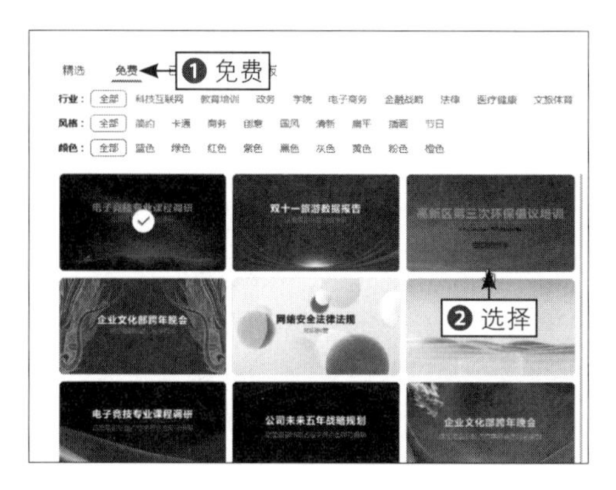

图 11-7　选择喜欢的模板

图 11-8　单击“开始生成”按钮

步骤 07 生成结束后，即可在预览页面中，查看PPT效果，如图11-9所示。

图 11-9　查看 PPT 效果

11.2　DeepSeek + 可灵 AI 生成图片

在AI工具的协作中，DeepSeek与可灵AI的结合为图片创作提供了高效解决方案，这种协作方式为设计工作者提供了更多便利与灵感。例如，商品图片的展示是营销与推广的核心环节。协同使用DeepSeek与可灵AI，能够将创意与视觉设计高效结合，从生成精准的图片提示词到打造高质量的商品图片，助力商家快速完成视觉内容创作，提升品牌形象与市场竞争力。

本节以生成一张香水商品图为例，介绍联合使用DeepSeek和可灵AI的方法，效果如图11-10所示。

图 11-10　效果展示

11.2.1　生成图片提示词，精准描述

扫码看教学视频

在AI图片的创作中，精准的提示词是生成高质量图像的关键。使用DeepSeek根据需求生成清晰、具体的图片提示词，为后续的可灵AI生成图像提供明确的方向和灵感基础，确保最终作品符合预期效果。下面介绍用DeepSeek生成图片提示词的操作方法。

步骤 01 在DeepSeek中输入并发送提示词，即可获得需要的AI图片提示词，相关提示词和回复内容如下。

提示词

我需要生成一张AI图片，主题为一瓶香水，请你帮我写一段AI图片的提示词，要求：包含“超高清画质，摄影照片，商品主图”，画面要美观，50字以内。

DeepSeek

超高清画质，摄影照片，商品主图。一瓶精致的香水，晶莹剔透的瓶身，金色液体，背景柔光，奢华典雅，细节清晰，画面美观。

步骤 02 在生成的提示词下方，单击“复制”按钮，如图11-11所示，即可将提示词复制一份，以便在可灵AI中使用。

我需要生成一张AI图片，主题为一瓶香水，请你帮我写一段AI图片的提示词，要求：包含"超高清画质，摄影照片，商品主图"，画面要美观，50字以内

超高清画质，摄影照片，商品主图。一瓶精致的香水，晶莹剔透的瓶身，金色液体，背景柔光，奢华典雅，细节清晰，画面美观。

复制

图 11-11　单击“复制”按钮

★ 专 家 提 醒 ★

如果DeepSeek生成的回复中有不需要的内容，用户复制时最好手动选择复制的内容；反之，则可以直接单击回复下方的“复制”按钮，进行一键复制。

11.2.2　生成精美的图片，满足需求

扫码看教学视频

在获得精准的图片提示词后，利用可灵AI的“AI图片”功能，就可以将文字描述转化为生动、细腻的视觉作品，展现AI在创意设计方面的强大能力，为图片创作提供更多的可能性与灵感。下面介绍用可灵AI生成精美图片的操作方法。

步骤 01 登录并进入可灵AI的“首页”页面，单击“AI图片”按钮，如图11-12所示。

步骤 02 进入“AI图片”页面，❶单击“可图1.0”右侧的下拉按钮；在弹出的“图片模型选择”下拉列表框中；❷选择“可图1.5”选项，如图11-13所示，即可更改图片的生成模型。

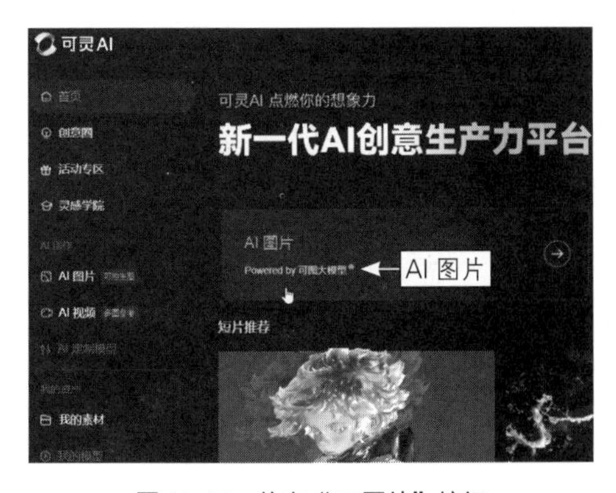

图 11-12　单击“AI 图片”按钮

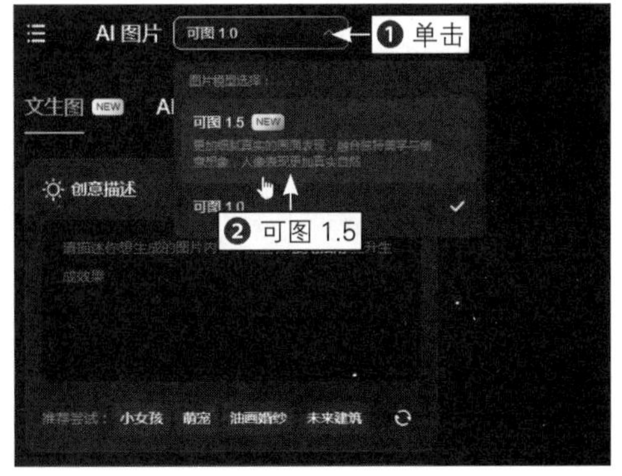

图 11-13　选择“可图 1.5”选项

步骤 03 在“创意描述”文本框中，粘贴DeepSeek生成的AI图片提示词，如

图11-14所示，告知AI需要的图片内容。

步骤 04 在“参数设置”选项区中，选择16：9选项，如图11-15所示，即可更改图片比例，让AI生成横幅图片。

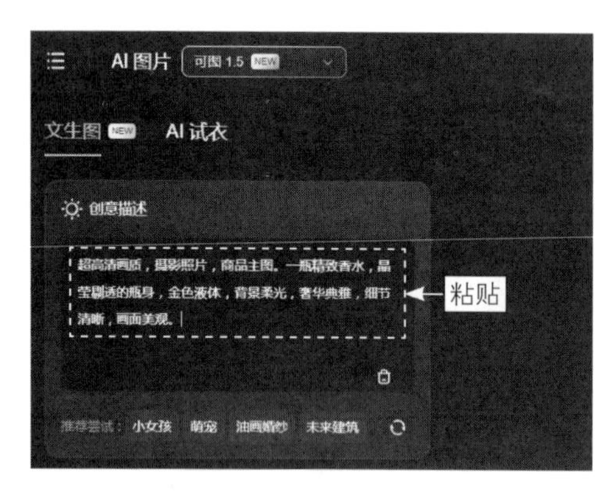

图 11-14 粘贴提示词

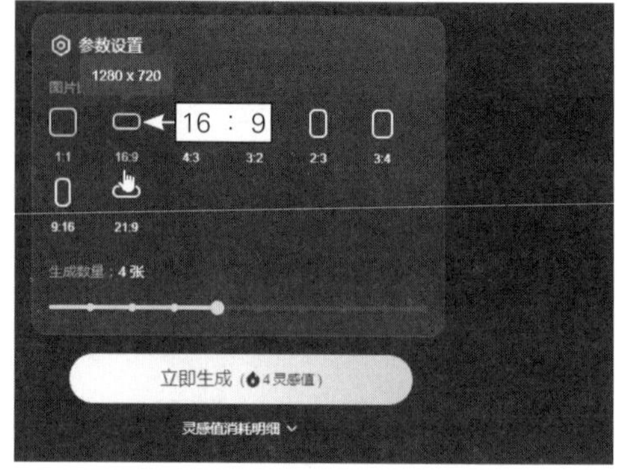

图 11-15 选择 16 ：9 选项

步骤 05 单击“立即生成”按钮，即可让AI生成4张对应的图片，❶将鼠标指针移动至第一张图片的下载按钮上；在弹出的列表中；❷选择“有水印下载”选项，如图11-16所示，即可将喜欢的图片下载到本地文件夹中。

图 11-16 选择“有水印下载”选项

★ 专 家 提 醒 ★

如果用户想下载无水印的图片，或者增强图片的画质，则需要开通可灵 AI 的会员。

11.3　DeepSeek + 即梦 AI 生成视频

视频作为现代信息传递的重要形式，正逐渐融入办公的方方面面。DeepSeek与即梦AI的强强联合，为企业提供了从创意到成片的完整解决方案。通过生成精准的视频提示词，结合即梦AI的高效渲染能力，快速打造出专业级视频内容，满足宣传、培训、汇报等多场景需求。

DeepSeek与即梦AI协作可以打破传统拍摄的限制，快速生成任意主题的视频效果。本节以生成一段樱花视频为例，介绍联合使用DeepSeek和即梦AI的方法，效果如图11-17所示。

图 11-17　效果展示

11.3.1　生成视频提示词，构思精彩

扫码看教学视频

视频的核心在于创意与表达，而清晰的提示词是创意的起点。利用DeepSeek，用户可以轻松地生成详细且富有启发性的AI短视频提示词，为后续生成AI短视频奠定扎实的内容基础。用DeepSeek生成AI短视频提示词的相关案例如下。

提示词

我需要生成一段AI短视频，主题为春日樱花，请你为我生成一段合适的提示词。要求：展示樱花、蓝天，不要有人，不超过80字。

DeepSeek

春日樱花盛放，粉白花瓣随风轻舞，蓝天如洗，阳光透过花枝洒下斑驳的光影，静谧中充满生机。

生成结束后，如果用户觉得DeepSeek生成的提示词不错，记得要复制一份，以便在即梦AI中使用。

11.3.2 生成视频效果，震撼呈现

扫码看教学视频

在提示词的引导下，即梦AI能够通过其强大的视频生成能力，将文字描述转化为动态的视觉叙事，为视频创作注入更多活力与表现力。下面介绍用即梦AI生成视频的操作方法。

步骤01 登录并进入即梦AI的“首页”页面，在左侧的导航栏中，单击“视频生成”按钮，如图11-18所示。

步骤02 进入“视频生成”页面，❶切换至“文本生视频”选项卡；❷输入DeepSeek生成的提示词，如图11-19所示，告知AI需要的视频内容。

图 11-18 单击“视频生成”按钮

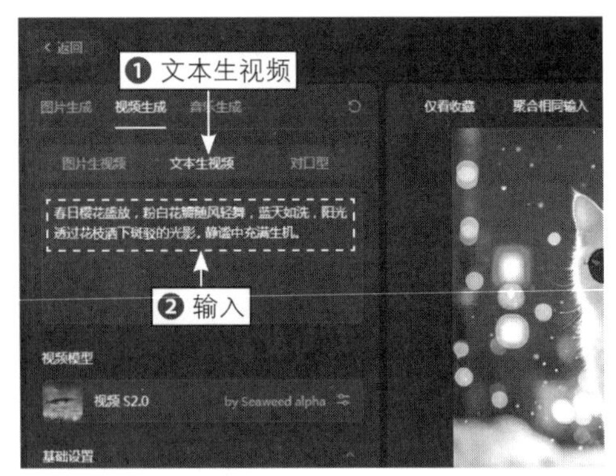

图 11-19 输入提示词

步骤03 在“视频模型”选项区，❶单击“视频S2.0”模型右侧的“修改”按钮，在弹出的“视频模型”列表框中；❷选择“视频1.2”选项，如图11-20所示，即可更改视频的生成模型。

步骤04 在“生成时长”选项区中，选择6s选项，如图11-21所示，让AI生成6s的视频。

图 11-20 选择“视频 1.2”选项

图 11-21 选择 6s 选项

★ 专家提醒 ★

即梦 AI 提供了 4 个不同的视频生成模型，这些模型各有所长。用户在生成 AI 短视频时，可以用同一段提示词来测试不同模型的生成效果，从中选择自己喜欢的视频即可。

另外，在使用视频 1.2 模型生成视频时，生成的时长越长，需要消耗的积分就越多，例如生成 3s 的视频需要消耗 3 个积分，生成 6s 的视频需要消耗 6 个积分。因此，用户在设置视频的生成时长时，可以根据需求和积分余额来决定。

步骤 05 单击“生成视频”按钮，即可让AI根据提示词和设置的参数，生成一段视频，单击视频右上角的下载按钮，如图11-22所示，即可将视频下载到本地文件夹中。

图 11-22 单击下载按钮

★ 专家提醒 ★

需要注意的是，在即梦 AI 中生成的视频是无声的，用户可以借助即梦 AI 的“AI 配乐”功能，或者其他视频剪辑软件，为视频添加合适的背景音乐。

11.4 DeepSeek + 海绵音乐生成歌曲

在企业宣传、活动策划或创意展示中，一首定制歌曲往往能带来意想不到的效果。无论是制作公司主题曲、活动背景音乐，还是为特定项目增添创意元素，歌曲都能提升整体氛围和品牌形象。

DeepSeek与海绵音乐的强强联合，为这一需求提供了高效解决方案。DeepSeek凭借其强大的文本生成能力，能够快速创作出贴合主题的歌词，而海绵音乐则能将歌词转化为高质量的歌曲作品。两者协作不仅简化了歌曲制作流程，还大幅提升了创作效率，让音乐创作变得更加轻松和专业。

本节以生成一首旅行综艺主题曲为例，介绍联合使用DeepSeek和海绵音乐的方法，音乐视频效果如图11-23所示。

图 11-23　效果展示

11.4.1　生成动人的歌词，传递情感

扫码看教学视频

在使用DeepSeek生成歌词时，用户可以先根据需求让DeepSeek提供多个合适的歌曲主题，再从生成的选项中选择一个主题，让DeepSeek根据它来创作出富有感染力和逻辑性的歌词。这种分步骤的创作方式不仅确保了歌词内容的精准性，也为后续的音乐制作奠定了扎实的基础。下面介绍用DeepSeek生成动人歌词的操作方法。

步骤 01 在DeepSeek中输入并发送提示词，即可获得AI提供的10个歌曲主题，相关提示词和回复内容如下。

提示词

你是一位非常优秀的作词家，现在你需要为一档旅行综艺写作主题曲的歌词，首先请你想10个合适的歌曲主题。

DeepSeek

1.《远方的呼唤》
主题：探索未知，追寻梦想，远方总是充满吸引力。
2.《在路上》
主题：旅途中充满自由与冒险，享受每一段旅程的风景与故事。
3.《心之所向》
主题：旅行的意义在于内心的向往，去往那些让你心动的地方。
4.《奔赴山海，不负时光》
主题：奔赴山海象征着探索与冒险，不负时光则强调珍惜当下，传递出旅行中的自由、激情与对生活的热爱。
5.《时光的足迹》
主题：旅行是时光的印记，走过的每一步都将成为珍贵的回忆。
……

步骤02 选择一个合适的主题，继续在DeepSeek输入并发送提示词，即可获得AI创作的歌词，相关提示词和回复内容如下。

提示词

请根据《奔赴山海，不负时光》这个主题，为这档旅行综艺写作主题曲的歌词，主题曲的风格为流行，结构包含主歌、副歌和桥段，250字以内。

DeepSeek

《山海刻度》
（主歌）
背包抖落晨光碎洒
地图折痕藏着风沙
地平线在睫毛上勾画
未说的远方都留给晚霞
（桥段）
秒针在悬崖边发芽
我们追赶季风的步伐
踏碎暮色里所有时差
心跳声是最诚实的回答
……

11.4.2 生成美妙的歌曲，畅享音乐

扫码看教学视频

通过将DeepSeek生成的歌词导入海绵音乐，用户可以快速获得一首完整的歌曲作品。这种无缝衔接的协作方式，不仅简化了音乐制作的流程，还确保了歌词与旋律的高度契合，让最终的歌曲作品更具感染力和艺术表现力。下面介绍用海绵音乐生成美妙歌曲的操作方法。

步骤01 登录并进入海绵音乐的“精选”页面，在左侧的导航栏中，单击“创作”按钮，如图11-24所示。

步骤02 进入“创作”页面，单击“自定义创作”按钮，如图11-25所示，即可切换至对应的选项卡，以便使用歌词进行音乐的生成。

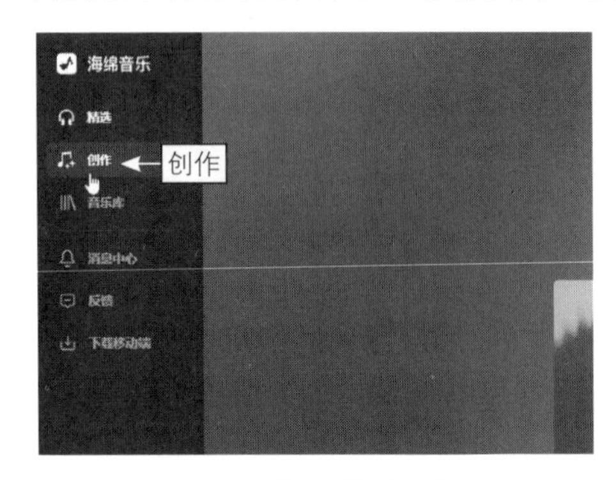

图 11-24　单击“创作”按钮

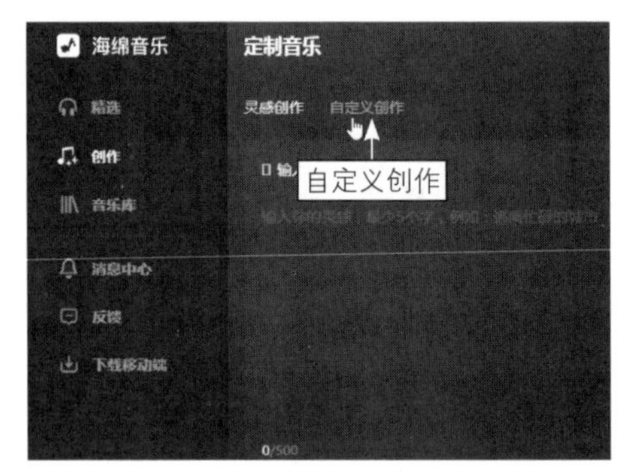

图 11-25　单击“自定义创作”按钮

步骤03 在“歌词”文本框中，输入DeepSeek生成的歌词，如图11-26所示，告知AI歌曲的内容。

步骤04 输入歌词之后，用户就可以直接生成音乐了，但是这样生成的歌曲随机性太强，很难满足用户的需求，因此还需要设置一些生成参数。在“曲风”选项区中，选择“流行”选项，如图11-27所示，即可设置歌曲的风格。

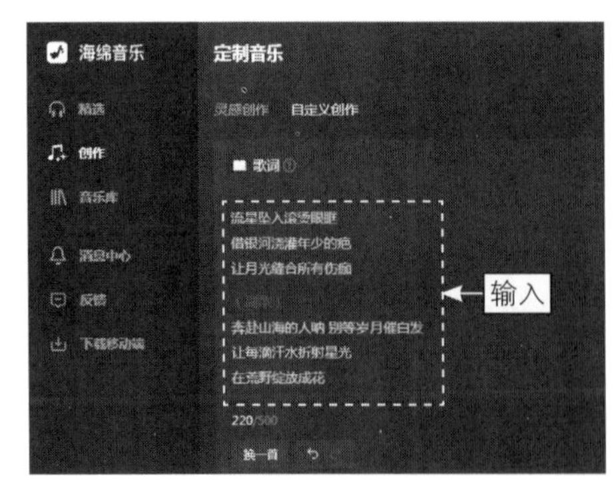

图 11-26　输入歌词

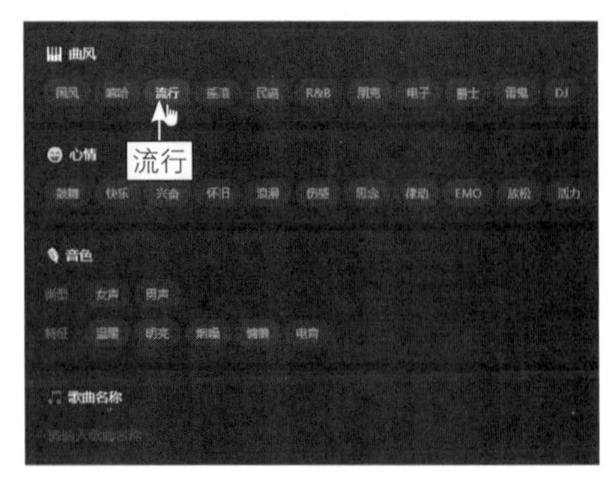

图 11-27　选择“流行”选项

步骤05 设置“心情”为“活力”，如图11-28所示，让歌曲的情绪更具有动感和激情。

步骤06 在“音色”选项区中，❶设置“类型”为“女声”；❷设置“特征”为“明亮”，如图11-29所示，即可让AI使用明亮的女声来演唱歌曲。

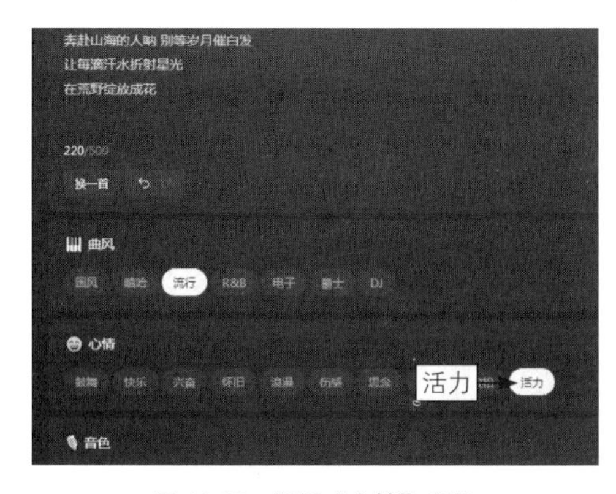

图 11-28　设置“心情”参数

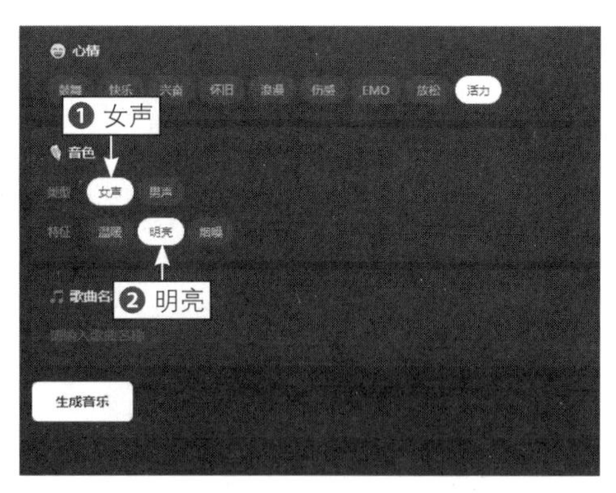

图 11-29　设置“音色”参数

★ 专 家 提 醒 ★

需要注意的是，“曲风”“心情”“音色”这 3 个选项区的内容，会根据用户设置的参数而灵活变动。例如，用户将“心情”设置为“活力”后，“曲风”选项区就从原来的 11 个选项，变成了 7 个选项。

这就说明，有些参数是相互冲突的，无法同时设置，因此用户在设置参数时也要考虑这一点。

步骤07 单击“生成音乐”按钮，即可开始生成3首歌曲，生成结束后，❶自动播放第1首歌曲；❷在右侧的“音乐详情”面板中显示AI生成的封面图、歌名和其他歌曲信息，如图11-30所示。

图 11-30　显示 AI 生成的封面图、歌名和其他歌曲信息

步骤08 ❶选择第2首歌曲，进行试听；❷如果用户觉得满意，移动鼠标指针至第2首歌曲右侧的按钮上；❸在弹出的面板中，单击“下载视频”按钮，如图11-31所示，即可将第2首歌曲下载到本地文件夹中。

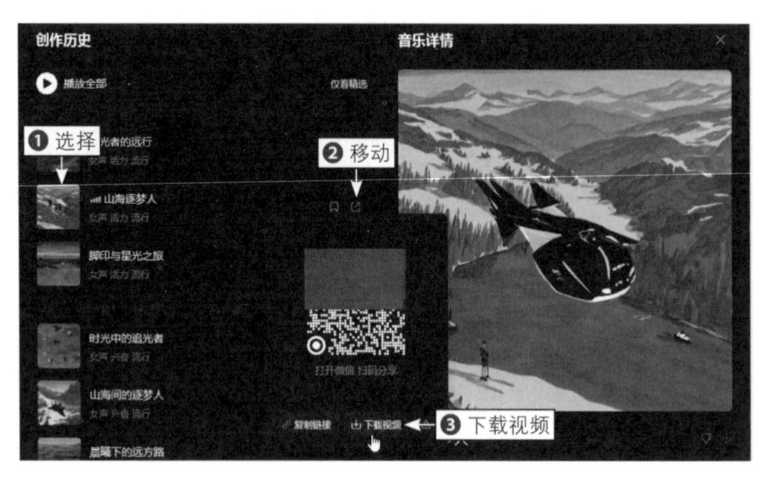

图 11-31　单击“下载视频”按钮

★专家提醒★

需要注意的是，在使用海绵音乐创作的过程中，可能会对歌词内容进行改动，但在“音乐详情”面板和下载的音乐视频中，并不会显示改动后的内容。因此，可能会出现歌曲与歌词不匹配的情况，这是正常现象，用户暂时无法进行控制或调整。